JN093897

最初からそう教えてくれればいいのに!

# 図解！ Pythonの ツボとコツがゼッタイにわかる本 「"超"入門編」

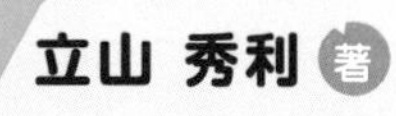

## ダウンロードファイルについて

本書での学習を始める前にサンプルファイル一式を、秀和システムのホームページから本書のサポートページへ移動し、ダウンロードしておいてください。ダウンロードファイルの内容は同梱の「はじめにお読みください.txt」に記載しております。

## 秀和システムのホームページ

ホームページから本書のサポートページへ移動して、ダウンロードしてください。

URL　https://www.shuwasystem.co.jp/

# はじめに

AIの開発から身近な作業の自動化などまで、さまざまなシーンで活躍しているプログラミング言語の「Python」(パイソン)。最先端技術で多用される言語でありながらも、文法がシンプルで初心者でも習得しやすいなどの理由から、近年は人気が急上昇しています。

本書はPythonの"超入門"です。筆者はPythonに加え、Excel VBAやJavaScriptなどのプログラミング言語の入門書を多数上梓してきました。また、セミナーにて、多くの初心者の方々に直接お教えしてきました。本書はそれらの経験をもとに、Python初心者は何がどうわからないのか、どうやったら理解できるのかをさらに突き詰めて書籍化しました。

Python未経験の方はもちろん、プログラミング自体が全くの未経験の方でも挫折することなく、短期間でPythonの基礎の基礎を身に付けられる一冊です。たとえば、ほぼ2～3ページごとに図解が入っており、文章とあわせて読むことで無理なく理解できます。学習の流れも、1つのサンプルを1冊かけて順に作り上げていくなかで、随時プログラムを書いて動かします。そのため、飽きることなくサクサク読み進められるでしょう。

加えて、本書の大きな特長は、Pythonの文法やルールといった"知識"よりも、"ノウハウ"を重視している点です。ノウハウの具体的な中身は本書内で解説しますが、見本がないオリジナルのプログラムを自力で作れるようになるには、知識だけでは不十分であり、ノウハウも不可欠です。初心者はどうしても知識だけに目が向いてしまうため、いつまでたっても自力で作れず、見本の丸写しの域から抜け出せないものです。本書では、ノウハウを体感しつつしっかりと学ぶことで、自力で作れる力を着実に身に付けられます。

また、あらかじめお断りしておきたいのですが、本書は超入門であり、初心者向けに学習範囲を思い切って絞っています。Pythonプログラミングの基礎の基礎——樹木でたとえると"幹"だけに特化しています。読者のみなさんはまず、本書で"幹"をしっかりと身に付けてください。"幹"がおろそかだと、そのあとの学習で挫折してしまいます。

本書を卒業したら、続編である『図解！　Pythonのツボとコツがゼッタイにわかる本　プログラミング実践編』(仮)(2020年内発売予定)などで"枝"を身に付け、さらに他の書籍・Webサイトで知識の"葉"を広げてください。そういった道筋で学んでいただければ、Pythonを習得できるでしょう。

それでは、これから本書で学習し、Pythonプログラマーとしての第一歩を踏み出しましょう！

立山秀利

## Chapter 01 Pythonの世界にようこそ

## Chapter 02 プログラミング環境を準備しよう



## Chapter 03 プログラミングのツボとコツはこれだ！

Chapter 04

# Pythonはじめの一歩

# Chapter 05 命令文の“柱”となる「関数」

Chapter 06

# バックアップ自動化のサンプル1を作ろう

Chapter 07

# いったんコードを整理しよう

Chapter 08

# サンプル1を完成させよう

## Chapter 10 Pythonやプログラミングの真骨頂はこの後のステップ

# Pythonの世界にようこそ

Chapter 01

# こんなにも広い！ Python活躍の場

## 先端分野から身近な自動化まで活躍！

読者のみなさんはAI（Artificial Intelligence：人工知能）という言葉を聞いたことがあるでしょう。先端技術の代表格です。すでに顔認証をはじめ、一部のスマートフォンやWebのサービスで利用され始めており、身近なものとなっています。

そのAIのソフトウェア開発において、主流となっているプログラミング言語がPython（パイソン）です。AI以外にも、たとえば、商品の売上など膨大なデータから傾向を統計的に導き出す「ビッグデータ分析」といった最先端の分野で広く利用されています。

先端分野だけではありません。みなさんが仕事やプライベートで普段パソコンで行っているちょっとした作業の自動化も、Pythonは得意とするところです。たとえば、大量のファイルを仕分けして整理したり、SNS用に画像を加工したり、Webから情報を集めたり。これらを手作業でなく自動化できれば、労力と時間を劇的に減らせ、かつ、操作ミスの心配もなくなるでしょう。

このようにPythonは実に幅広い用途や分野で活躍できます。それでいて、他の言語に比べて習得しやすく、初心者にもオススメのプログラミング言語なのです。

## 先端分野でも身近な作業でも活躍

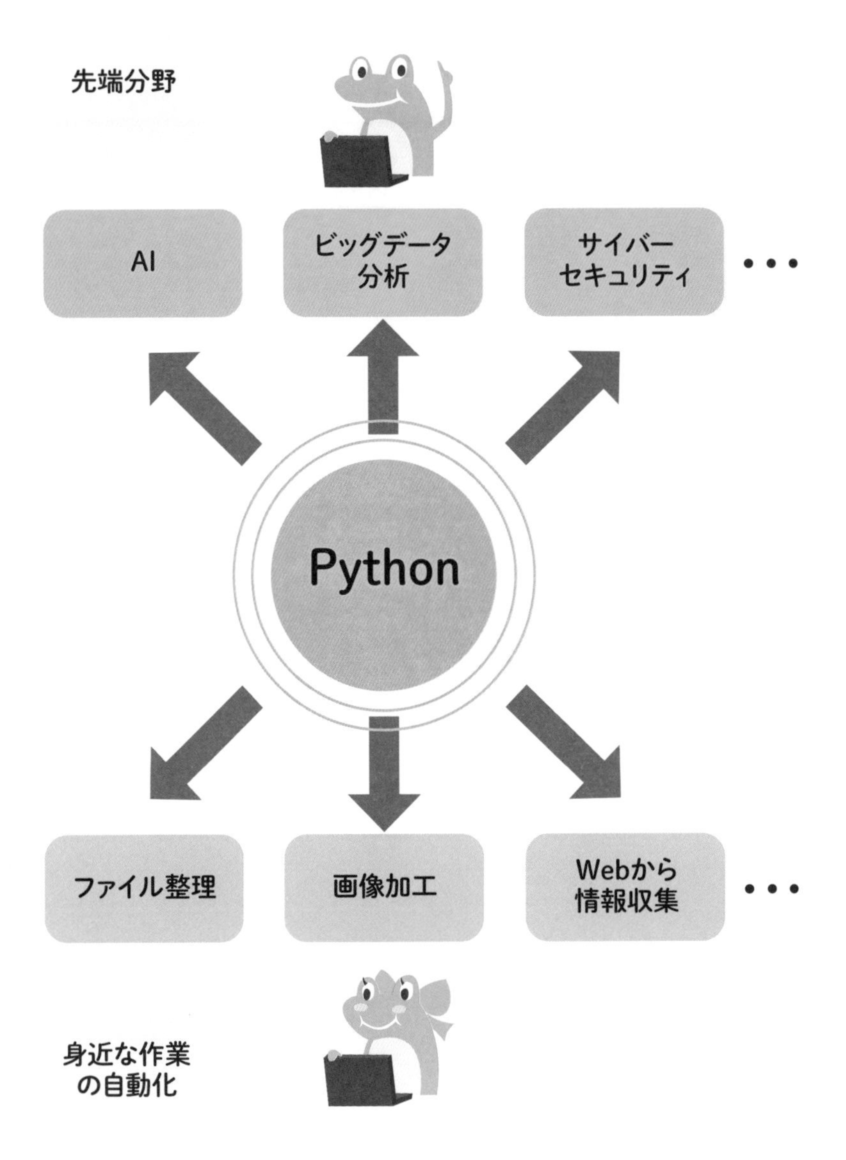

Chapter 01

# プログラムの正体って結局何なの？

## プログラムの正体は「命令文」の集まり

スマートフォンのアプリ、Excelなどのソフトウェア、はたまたAIなどはすべて、ザックリまとめると、コンピューターの「プログラム」と言えます。このようなプログラムの正体は一体何でしょうか？

プログラムの正体は“命令文”の集まりです。命令文とは、コンピューターに実行して欲しい操作や処理を記したものです。例えば図のようなイメージで命令文が並んで記されることになります。こういった命令文の集まりがプログラムの正体なのです。

なお、厳密に言えば違う部分も少々あるのですが、初心者はこのような認識で構いません。

## コンピューターに実行させたい命令文が並ぶ

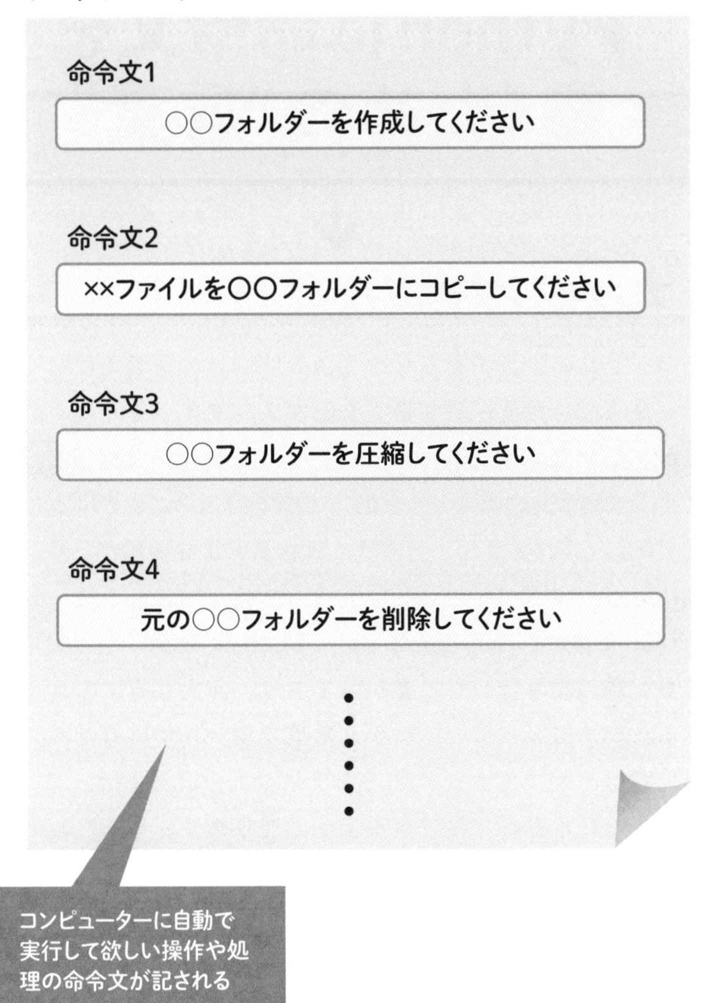

Chapter 01

# Pythonは命令文を書くための“言葉”

## プログラミングってどういうこと？

　プログラムの中身である命令文は人間向けの言葉ではなく、コンピューターにわかる言葉で書く必要があります。そのための専用の言葉がプログラミング言語です。プログラミング言語を使って、プログラム（命令文の集まり）を書いて作る行為のことが「プログラミング」です。プログラミング言語にはさまざまな種類があり、その一つがPythonなのです。

　Pythonで書かれた命令文のイメージが右ページの下の図です。英単語や記号の組み合わせで書かれており、何やら呪文のような命令文です。コンピューターにわかる言葉で書かれているため、人間には一見意味不明ですが、人間でも文法やルールがわかっていれば、自分で読んだり書いたりできるようになります。そのための学習を本書でこれから一緒に進めていきましょう！

## コンピューターにわかるようPythonで書く

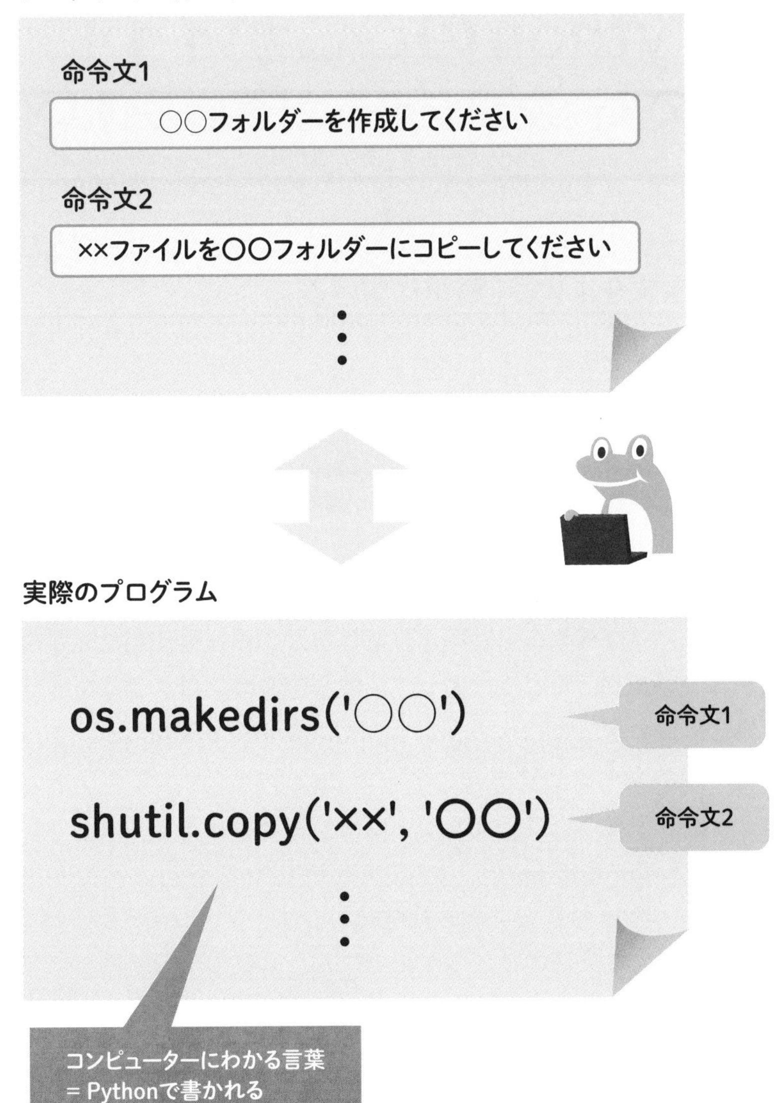

Chapter 01

# Pythonのここがイイ！ その1　プログラムが書きやすい

## 命令文をより短く簡単に書ける

プログラミング言語はPython以外にもいくつかあります。そのなかでなぜPythonがオススメなのか、人気なのかをザッと紹介します。

まず挙げられるのが「プログラムが書きやすい」です。他の言語に比べて文法やルールがシンプルでわかりやすいので、プログラミング自体が未経験という全くの初心者でもすんなり習得できます。

しかも、プログラムを効率よく書けるような仕組みがたくさん用意されています。それらによって、同じ機能のプログラムを作りたい場合、他の言語に比べて、より少ない命令文で済みます。さらに一つ一つの命令文自体も短く済みます。これは大きなメリットでしょう。その具体例はChapter04以降の学習のなかで、いくつかを随時紹介していきます。

なお、Pythonの文法で最も特徴的なのは**インデント（字下げ）**です。キーとなる文法のひとつなのですが、本書の学習範囲では登場しません。詳しくは、本書の続編である『図解！　Pythonのツボとコツがゼッタイにわかる本　プログラミング実践編』（仮）（2020年中刊行予定）で解説します。

## 他の言語よりも短く少ない命令文でOK!

同じ機能のプログラムを作りたいなら――

他の言語

長い命令文を
たくさん
書かなきゃ

Python

たったこれだけ
の命令文でOK!
一つ一つの命令文
も短い!

Chapter 01

# Pythonのここがイイ！ その2　便利な“部品”が豊富

## 「ライブラリ」で複雑な機能もラクラク作れる

次に挙げられるPythonの人気の理由が、便利なプログラムの“部品”が豊富に揃っていることです。必要な“部品”を選んで組み合わせるだけで、高度で複雑な機能でも、サッと作れてしまうのです。

このプログラムの“部品”を、料理でカレーを作るときの材料でたとえるならカレールーです。もしカレールーがなければ、必要なスパイスをひとつひとつ入手し、適量だけ混ぜ合わせなければなりません。カレールーなら、買ってきて入れるだけでOKです。プログラムの“部品”はこのカレールーのように、難しくて手間もかかることが簡単にできるありがたいものなのです。

Pythonは他の言語に比べて、この“部品”がより豊富に揃っていることがメリットです。幅広い分野の多彩な機能の“部品”をうまく利用して、あらゆる要望に応えるプログラムを作れます。

プログラムの“部品”は専門用語で**ライブラリ**と呼ばれます。ライブラリは大まかにわけて、Pythonが標準で備えている**標準ライブラリ**と、外部の団体などが提供する**外部ライブラリ**の2種類があります。

それら正体や使い方など、詳しくはChapter03以降で随時解説していきます。そのなかで、ライブラリの便利さを体感していただきます。

## ライブラリなら一つ選んで使うだけ

同じAという機能のプログラムを作りたいなら——

ライブラリがないとタイヘン

長い命令文を
たくさん
書かなきゃ

ライブラリがあるとラク！

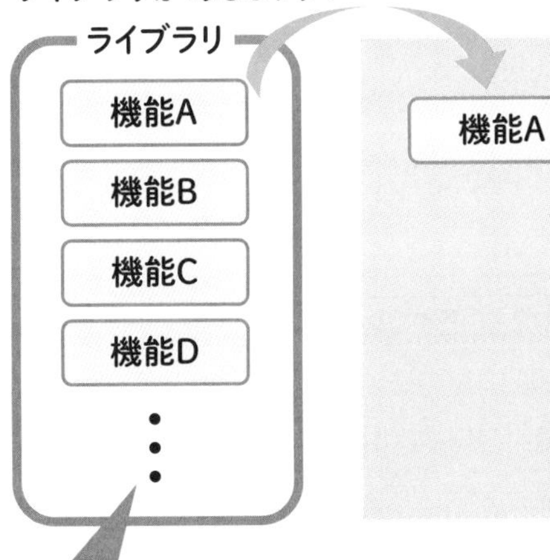

選んで
使うだけでOK!
こりゃラクだ

Pythonは他言語に
比べライブラリが豊富！

## Pythonのプログラミングはスマホじゃできないの？

本書では、パソコンを使ってPythonのプログラミングを学びます。誌面に登場する画面などはすべてWindows 10ですが、他のバージョンのWindowsでも、はたまたMacintoshやLinuxのパソコンでもPythonのプログラミングはできます。

最近はスマートフォンやタブレットでも、Pythonのプログラミングを学べるアプリやサービスが登場していますが、腰を据えて学ぶには、やはりパソコンが向いているのでオススメします。

## プログラミング言語の文法やルールって？

たとえば人間の言葉の一種である日本語なら、自分のことを表すには「私」や「僕」などの単語を使い、主語と述語の順で並べるなどの文法があります。プログラミング言語も同じように、このような命令文を書くには、この単語をこのような順で並べるといった文法が決められています。また、使ってはいけない記号などのルールも決められているので、それらに従ってプログラムを書いていきます。文法やルールはプログラミング言語の種類ごとに異なり、本書ではPythonのものを学びます。

# プログラミング環境を準備しよう

Chapter 02

# 01 プログラミングには、どんなモノが必要なの？

## 最低限必要なモノは2つ

Pythonのプログラミングを行うためには、プログラミング環境として、パソコンを用意し、必要なソフトウェア（以下、ソフト）を揃える必要があります。その内訳は大まかに分けると右図の①と②と③になります。

①はPythonのプログラムを記述するためのソフトです。具体的には、Windows標準の「メモ帳」をはじめとするテキストエディタなど、テキスト（文字）を編集できるソフトなら何でも構いません。また、プログラミング専用のエディタツールも無料ながら優れたものがいくつかあります。さらにはWindowsのコマンドプロンプトでも可能です。

②の機能は主に、ユーザーが書いたPythonをプログラムを実行するためのソフトになります。加えて、Chapter01-03で紹介した標準ライブラリも含まれます。②はMacOSやLinuxには標準で搭載されているものの、Windowsには搭載されていないので、Pythonの公式サイトなどからダウンロードしてインストールしなければなりません。

さらには、作りたいプログラムによっては②に含まれる標準ライブラリでは不足になり、③外部ライブラリが必要になります。その際は目的の外部ライブラリを追加でダウンロードしてインストールします。

このようにPythonのプログラミングを行うには、①と②が必須であり、必要に応じて③を追加することで、プログラミング環境を準備します。

## Pythonのプログラミングに必要なモノ

### ①プログラムを書くツール

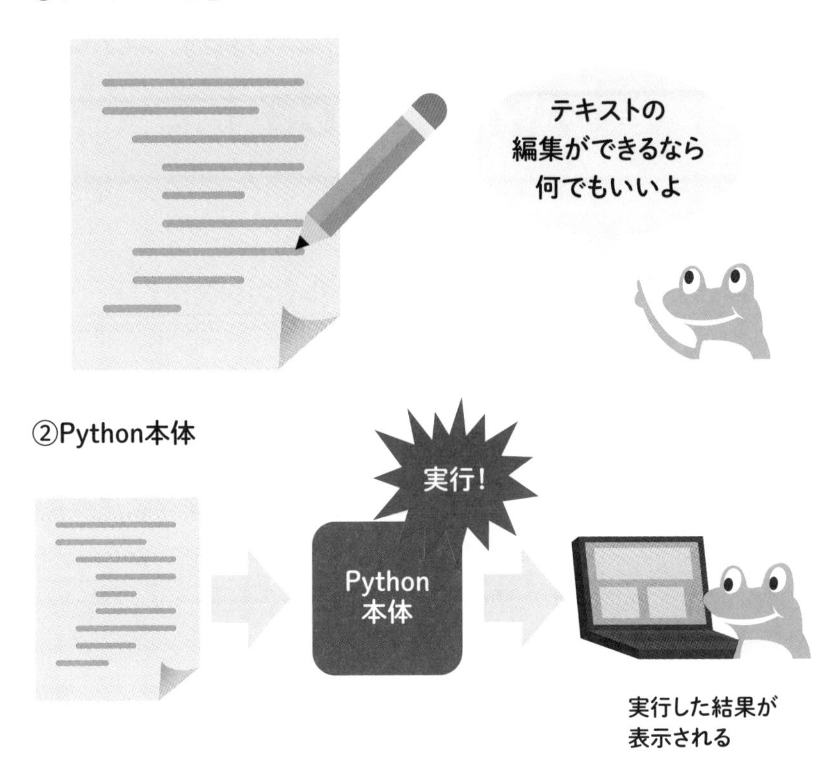


### ③外部ライブラリ

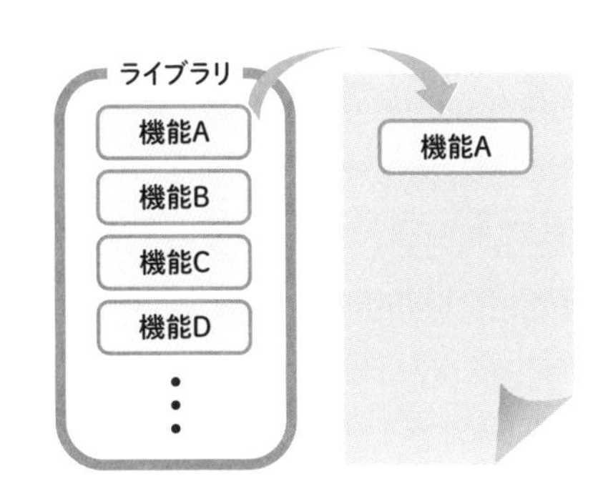

Chapter 02

# 必要なモノが一式揃った「Anaconda」

## これで1つでOK！　インストールもカンタン！

Pythonのプログラミング環境を準備するために、前節で挙げた①プログラムを書くソフト、②Python本体、③追加の外部ライブラリをそれぞれバラバラにダウンロードしてインストールすることももちろん可能です。組み合わせの自由度が高いなどメリットがある反面、初心者にとってはハードルが高いと言えます。

そこでオススメなのが**Anaconda（アナコンダ）**です。Pythonのプログラミングに必要なモノがひとまとめになっており、初心者でも非常に簡単にPythonのプログラミング環境を準備することができます。

Anacondaは誰でも無償でダウンロードして利用できます。インストール作業はウィザードに従って1回行うだけで済み、一式まとめてインストールされます。②はもちろん、①は複数種類が用意されます。③はメジャーな外部ライブラリがたいてい網羅されています。もちろん、他の外部ライブラリもあとからいつでも追加できます。

このように初心者に至れり尽くせりのAnacondaを、Pythonのプログラミング環境にぜひとも利用しましょう。本書でもAnacondaを使うとします。

## 初心者にオススメのAnaconda

プログラムを書くソフト

Python本体

外部ライブラリ

他に管理ツールなども

これ1つで
Pythonを
始められる!

全部
揃ってる!

インストールも
カンタン

しかもタダ!

Chapter 02

# プログラムの記述は「Jupyter Notebook」で

## 世界中で人気のツール

Anacondaをダウンロードしてインストールする具体的な手順は次節で紹介します。その前に、Anacondaに含まれるツールのひとつである**Jupyter Notebook（ジュピターノートブック）**を紹介します。

Jupyter NotebookはPythonのプログラムを書くためのツールです。Webブラウザー上で動作します。具体的な使い方はChapter04以降で順に詳しく解説していきますので、本節では概略のみ簡単に紹介します。右ページの画面例のように、四角い枠の中にPythonのプログラムを記述します。そして、画面上部の［Run］ボタンをクリックすると（Chapter04で改めて解説します）、そのプログラムが実行されます。

そして、プログラムの内容によっては、実行結果もJupyter Notebook上に表示されます。どのようなプログラムなら実行結果がJupyter Notebook上に表示されるのかも、Chapter04以降で改めて解説します。

Jupyter Notebookは手軽にプログラムを記述して実行できるなどメリットが多く、多くのユーザーに利用されています。本書でも、このJupyter Notebookを学習に用いるとします。

## Jupyter Notebookはこんな画面

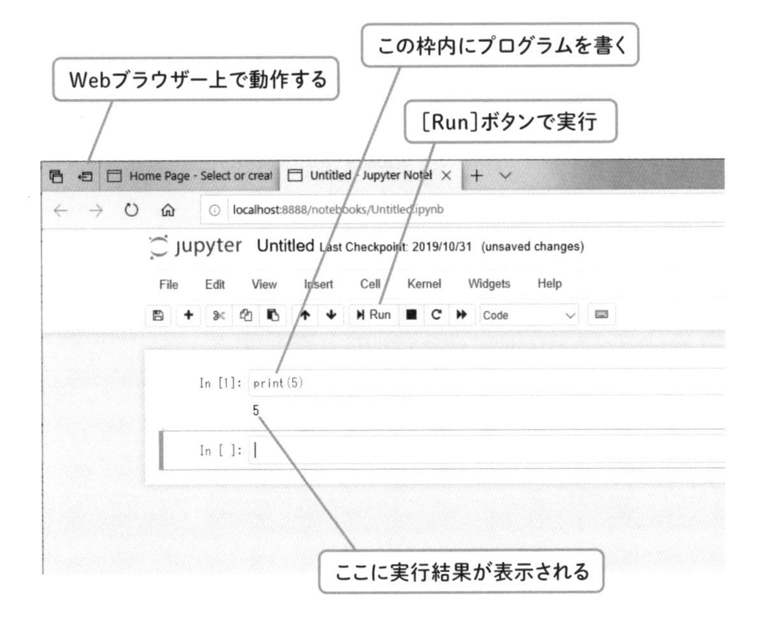


詳しくは
Chapter04以降
で解説するよ

Chapter 02

# Anacondaをダウンロードしよう

## 自分のPCの環境に合わせて入手しよう

それでは、Anacondaをダウンロードしてインストールしましょう。まずは本節にて、インストーラーをダウンロードします。

本書では以降の解説において、操作手順や画面などはWindows 10 Homeの64bit版を前提とします（Windows 10 ProやWindows 8.1以前、および32bit版をお使いの場合も、ほぼ同様の操作手順と画面になります。32bit版の方は右ページ下の「注意！」もご覧ください）。

フォルダーやデスクトップの画面では、拡張子は表示した状態とします（拡張子を表示するには、フォルダーの［表示］タブの［ファイル名拡張子］にチェックを入れてください）。また、Webブラウザーは Windows 10標準の「Microsoft Edge」(以下、Edge）を用いるとします。

**❶ Webブラウザーを起動し、下記URLをアドレスバーに入力するなどして、Anacondaダウンロードの Webページを開いてください。**

https://www.anaconda.com/distribution/#download-section

## Anacondaのダウンロードページ

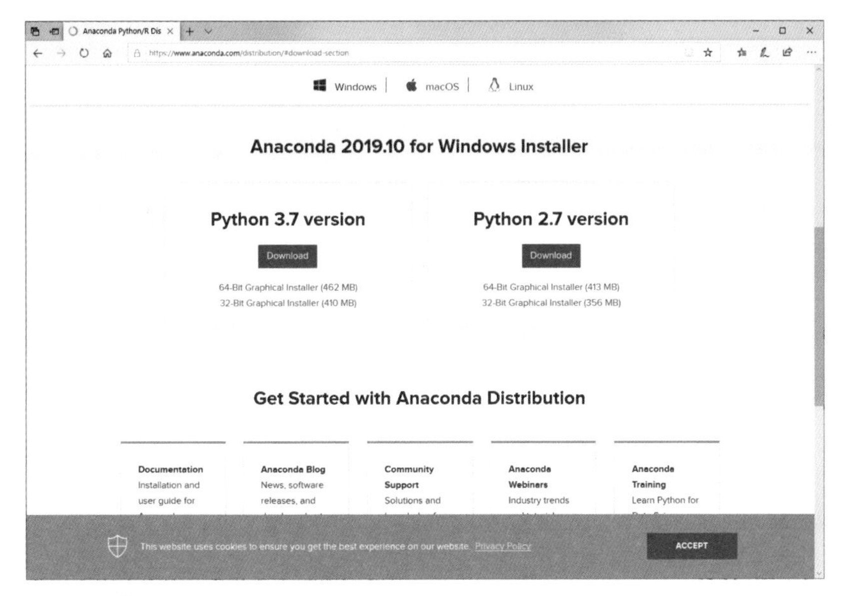

Windowsをお使いなら、自動的にWindows用インストーラーのダウンロードページが開きます。万が一他のOS用の画面が開いてしまったら、画面上部の［Windows］をクリックして切り替えてください。

**❷「Python 3.X version」のすぐ下にある［Download］ボタンをクリックしてください。「X」の部分はバージョンによって異なります。本書執筆時点では7であり、画面上では「Python 3.7 version」となっています。**

32bit版のWindows 10をお使いの場合、32bit用インストーラー（ファイル名の末尾が「～_x86.exe」）を使う必要があります。［Download］ボタンではなく、その下にある［32-Bit Graphical Installer (410 MB)］をクリックしてダウンロードしてください。なお、お使いのWindows 10が64bit版か32bit版かわからない方は、本節末コラムを参照に確認してください。

すると、画面下部に保存用のボタン類が表示されるので、［保存］の右隣りの［^］をクリックし、［名前を付けて保存］をクリックしてください。

インストーラーをダウンロード

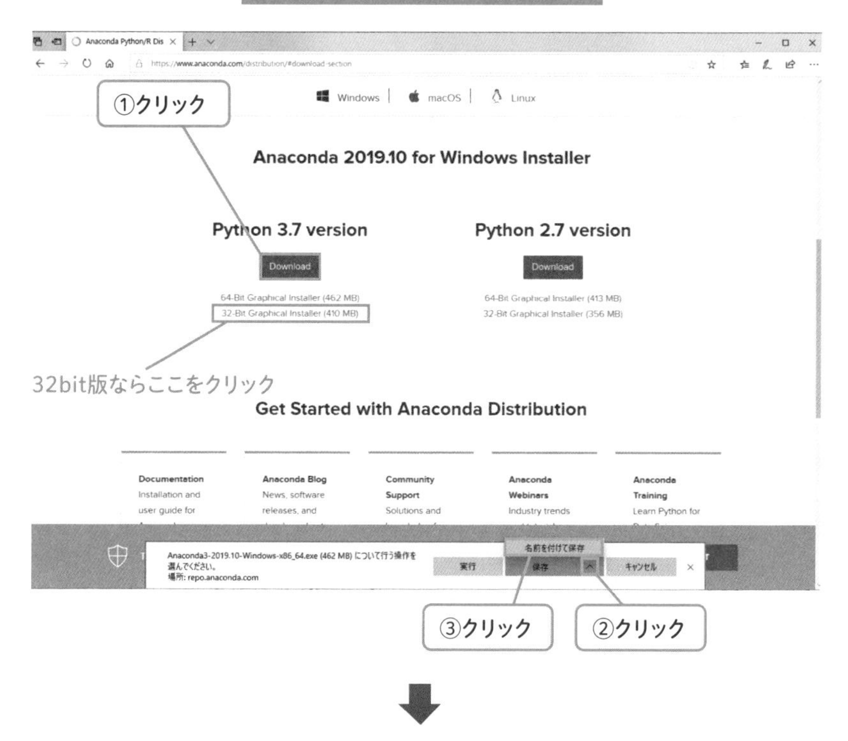


❸「名前を付けて保存」ダイアログボックスが表示されるので、保存場所を適宜指定したら、［保存］をクリックしてください。本書では、保存場所はデスクトップとします。

### 名前を付けて保存する

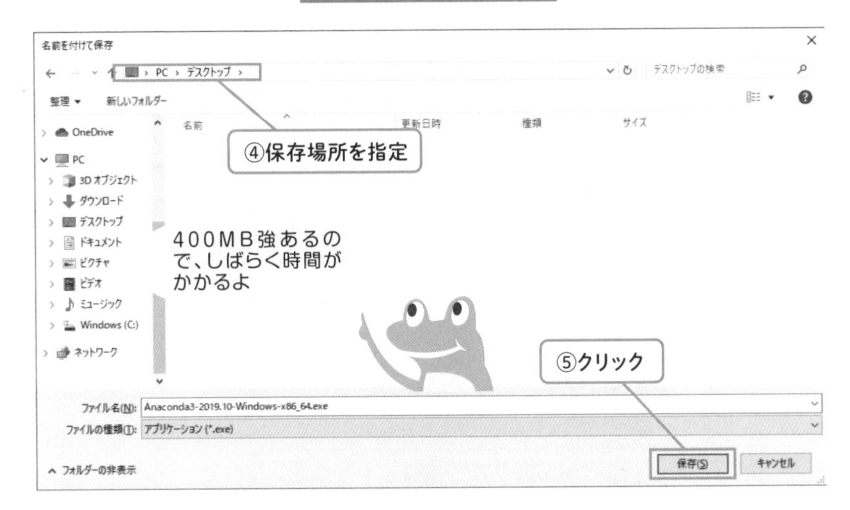

❹ ダウンロードが始まります。ダウンロードが完了すると、このようなインストーラーが得られます。

### ダウンロードされたインストーラー

## 自分のWindows 10が64bit版か32bit版か確認するには

［スタート］メニューの［設定］（左側の歯車アイコン）をクリックします。

**［スタート］メニューの［設定］をクリック**

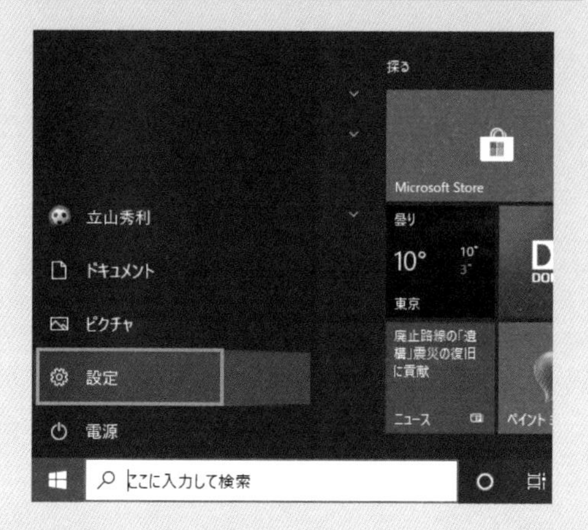


「Windowsの設定」画面が開くので、［システム］をクリックします。

**「Windowsの設定」画面の［システム］をクリック**

　続けて、左側の一覧から［バージョン情報］をクリックすると、以下の「バージョン情報」画面が表示されます。この画面の「システムの種類」欄に64bitか32bitかが記載されています。

**「バージョン情報」画面で確認できる**

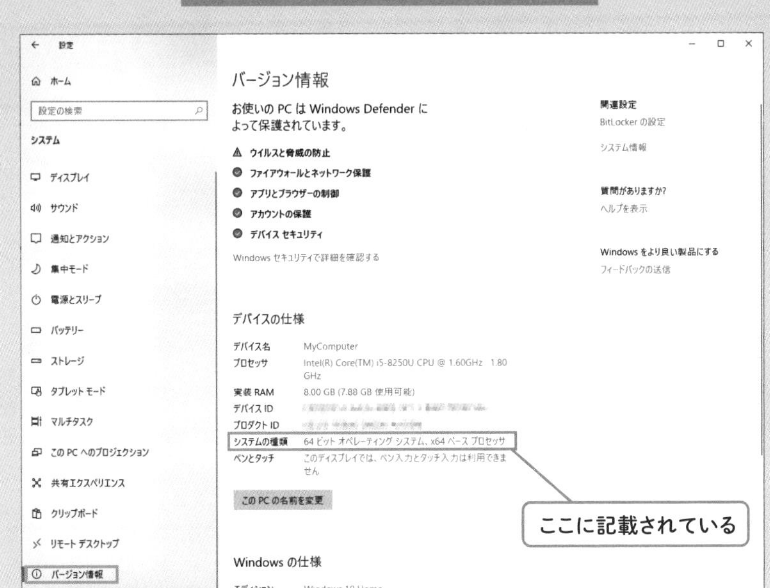


　Windows 8.1以前なら、［スタート］ボタンなどからコントロールパネルを開き、［システムとセキュリティ］→［システム］を開けば確認できます。

Chapter 02

# Anacondaをインストールしよう

##  ウィザードに従うだけでOK！

Anacondaのインストーラーを無事ダウンロードできたら、さっそくインストールしましょう。

❶ Anacondaのインストーラーをダブルクリックします。

インストーラーを起動しよう

❷ インストーラーが起動します。そのまま［Next］をクリックしてください。

インストールの手順および画面は本書執筆時点のものです。今後予告なく変更される可能性があります。

## インストーラーの初期画面

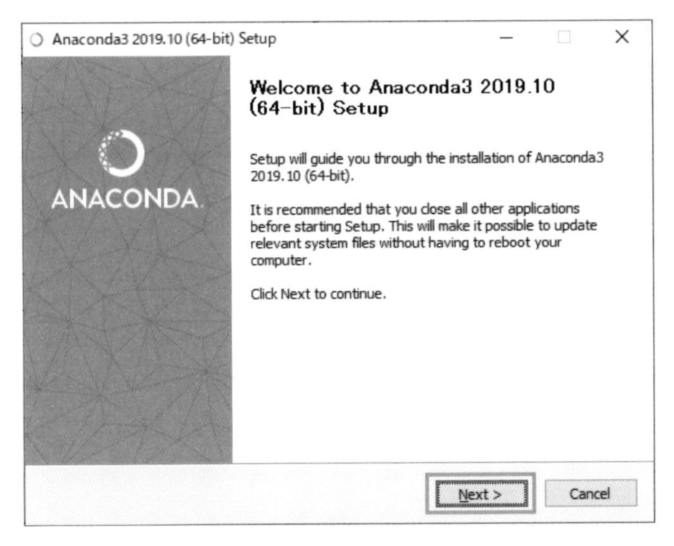

❸ ライセンス条項が表示されるので、［I Agree］をクリックしてください。

## ライセンス条項を確認して次へ

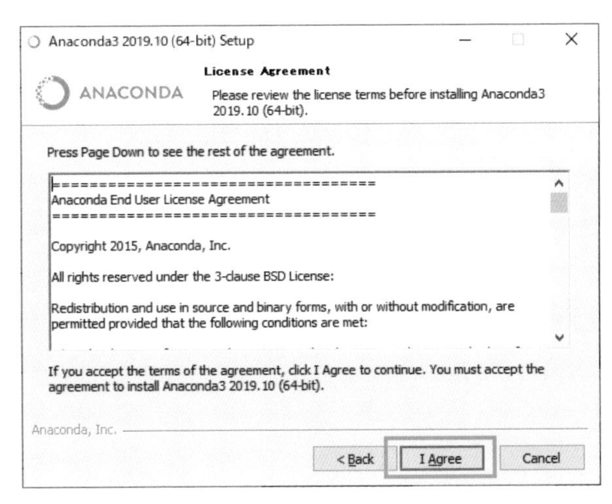

❹ [Just Me]を選択した状態で（標準で選択されます）、[Next]をクリックしてください。

そのまま［Next］をクリック

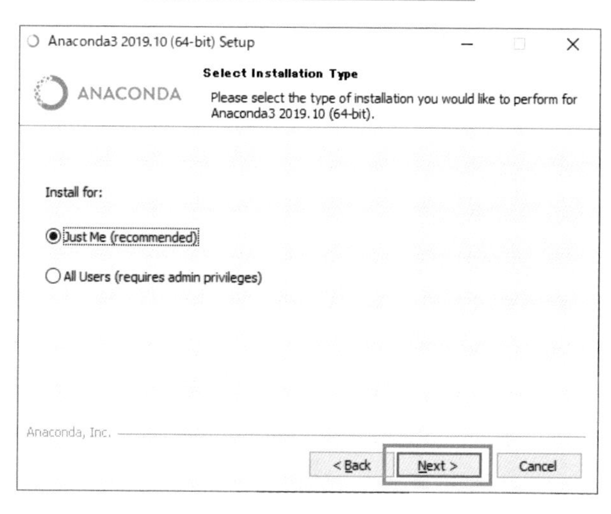

❺ インストール先の選択画面が表示されますが、標準のままで変更せず、［Next］をクリックしてください。インストール先についてはChapter04で改めて解説します。

インストール先は標準の場所

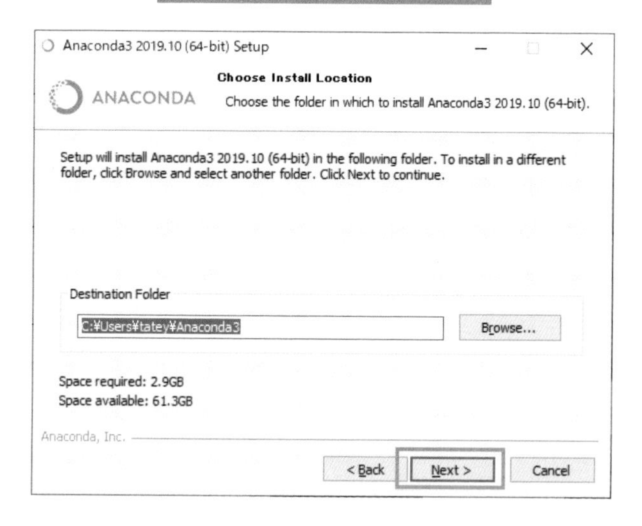

❻ 2つのチェックボックスは標準の状態のまま、［Install］ボタンをクリックしてください。

インストールスタート！

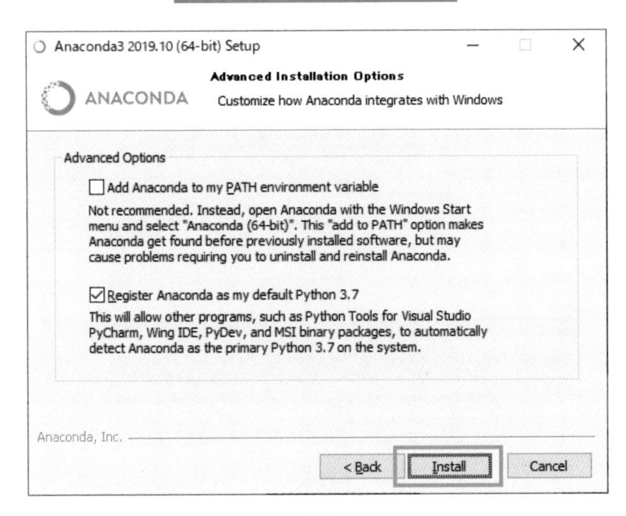


❼ インストール処理が始まりますので、しばらく待ちます。

インストールの経緯が表示される

Anaconda3 2019.10 (64-bit) Setup
Installing
ANACONDA
Please wait while Anaconda3 2019.10 (64-bit) is being installed.
Extract: repodata_record.json
Show details
Anaconda, Inc.
< Back
Next >
Cancel

もし、プログレスバーが途中でほとんど動かなくなり、不安になったら、[Show details]をクリックすると、細かい進行状況を確認できます。

❽ **インストール処理が終わるとこの画面が表示されるので、そのまま[Next]をクリックしてください。**

**インストール終了後の画面**

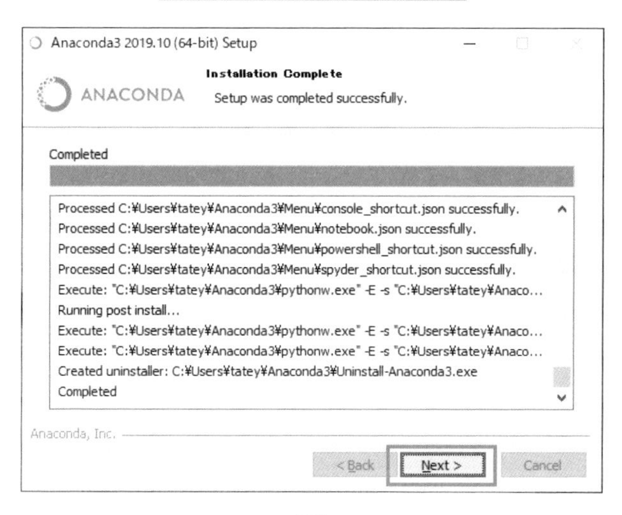

❾ **次の画面でも、同様にそのまま[Next]をクリックしてください。**

そのまま［Next］をクリック

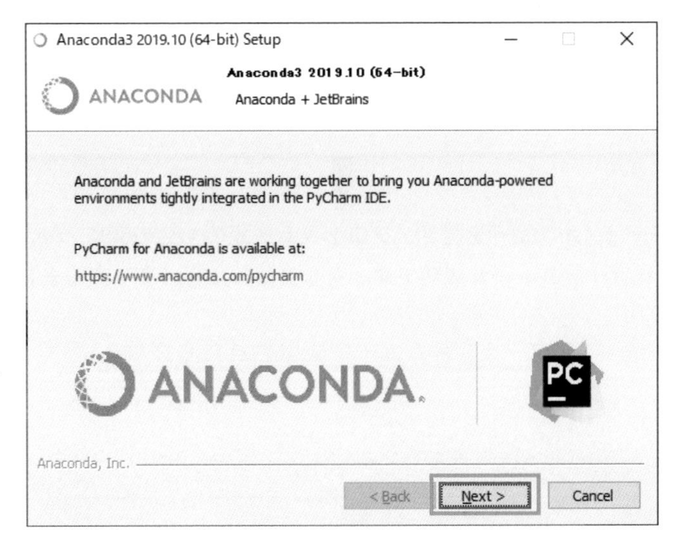

⑩ これでインストールは終わりです。2つのチェックボックスはオフにしてから、［Finish］をクリックして、ウィザードを閉じてください。

ウィザードの終了画面

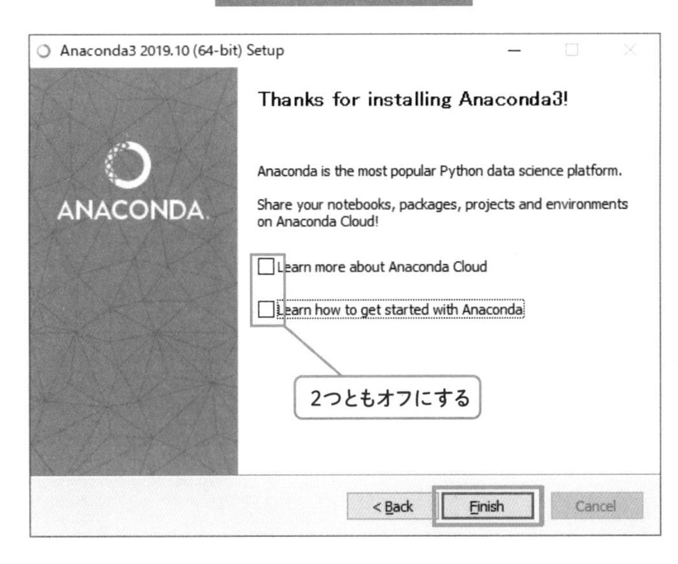

もし、2つのチェックボックスがオンのまま［Finish］をクリックしても、関連するWebページがWebブラウザー上に開くだけであり、インストール自体に問題は発生しません。そのままWebページを閉じてください。

⓫［スタート］メニューを開き、プログラム一覧の「A」の欄に「Anaconda」があればインストール成功です。もし失敗したら、やり直しましょう。

［スタート］メニューに表示されたら成功！

Chapter

03

# プログラミングのツボとコツはこれだ！

Chapter 03

# ツボは「命令文を上から並べて書く」

## プログラミングの大原則

一般的にプログラムを作るには、コンピューターに自動で実行させたい処理を“命令文”として書きます。たとえば、ファイルのコピーを自動化したければ、「このファイルをここにコピーしろ！」といった命令文を書きます。

実行させたい処理はたいてい複数あるので、命令文は処理の数だけ複数必要となります。プログラムとは、それら命令文の集まりです。言い換えるなら、プログラムは命令文が複数書かれた“命令書”です。

プログラムを作る際、それぞれの処理の命令文を実行させたい順番に、上から並べて書いていきます。この「上から並べて書く」がツボであり、プログラミングの大原則でもあります。作ったプログラムを実行すると、命令文が書かれている順番で上から実行されていきます。

この原則はPythonに限らず、どのプログラミング言語にも共通します。

## 上から並べて書けば、順に実行される

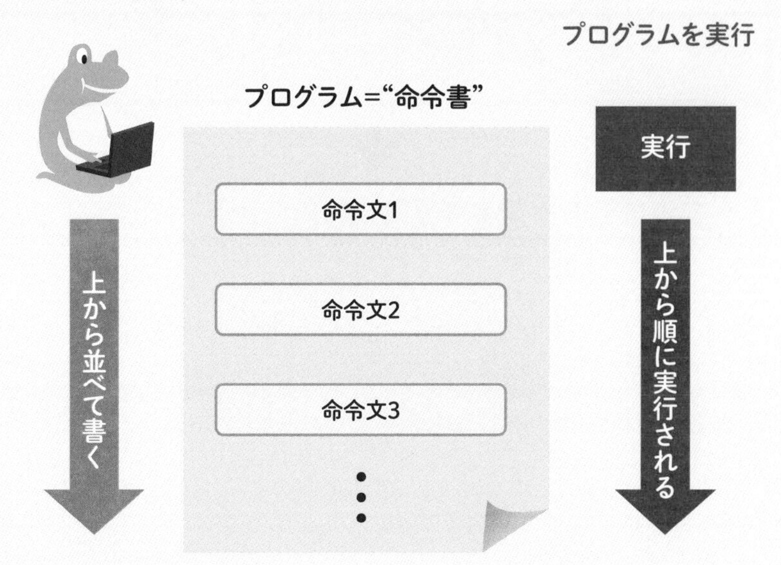

Chapter 03

# プログラムは具体的にどう作ればいい？

##  基本は「手作業をそのまま」

Pythonのプログラムを作る（＝プログラムを書く）際、具体的にどうすればよいのでしょうか？　もっとも基本となる方法は、

「手作業で行う操作をそのまま命令文に置き換える」

です。このことも大事なツボです。

たとえば、「『保管』という名前のフォルダーを新規作成し、『企画書.pptx』というファイルをそこにコピーし、その『保管』フォルダーをZIP圧縮する」という操作を自動化するプログラムを作りたいとします。その場合、手作業で同じ操作をした際の手順を考え、その各操作をひとつずつ命令文に置き換えていきます。

おのおのの命令文はPythonを使って書くのですが、具体的な書き方はChapter04以降で順を追って解説します。ここではまず、このようなイメージでプログラムを組み立てていけばよい、ということだけを大まかに把握しましょう。

## 手作業を命令文に置き変えてプログラムを作る

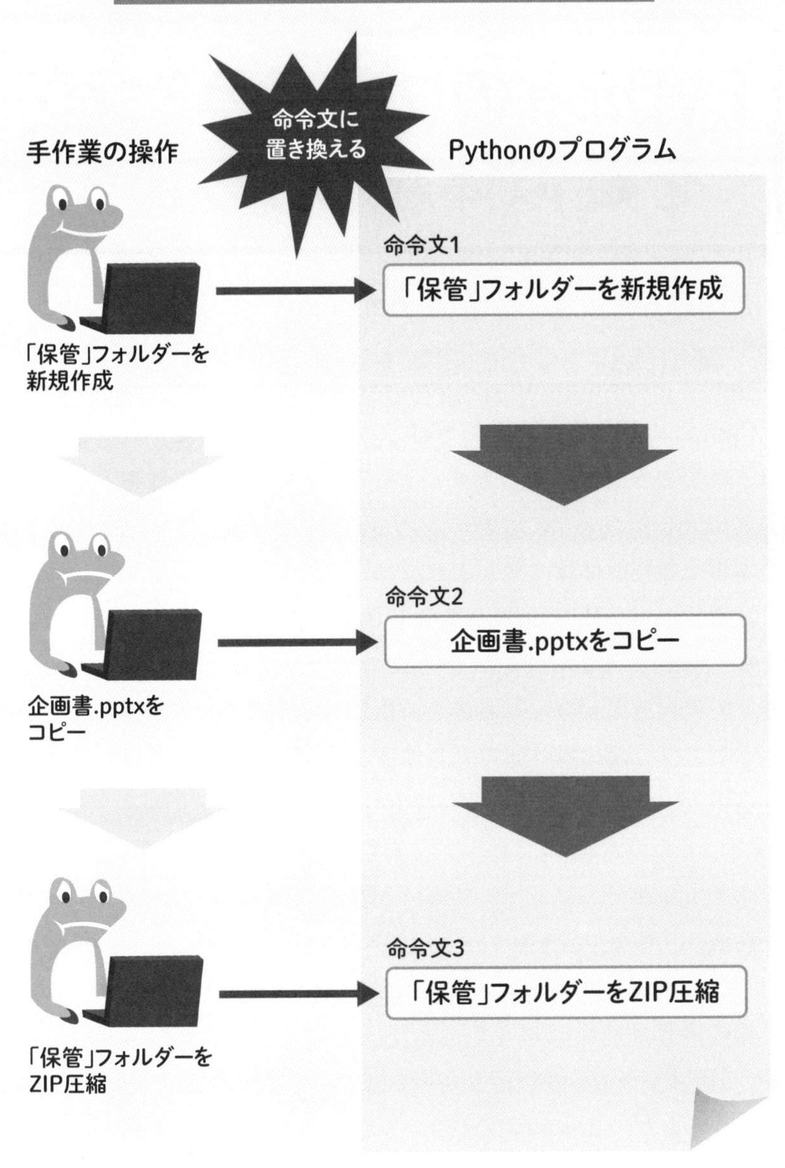

Chapter 03

# Pythonのプログラミングを疑似体験してみよう

## 疑似体験でツボの理解を深める

Pythonの具体的な書き方を学ぶ前に、ここまでに学んだ2つのツボ「命令文を上から並べて書く」と「手作業で行う操作をそのまま命令文に置き換える」の理解を深めるため、Pythonのプログラミングを本書上で疑似体験しましょう。

疑似体験は、Pythonではなく日本語で記された命令文のブロックを並べるというものです。命令文のブロックは複数種類あり、意図通りの実行結果が得られるよう、正しく並べていただきます。

ここでは、次の操作を自動化するプログラムを作成するとします。

「保管」という名前のフォルダーを新規作成し、「企画書.pptx」というファイルをそこにコピーする。「保管」フォルダーをZIP圧縮する。圧縮後に「保管」フォルダーを削除する。

操作内容は前節で挙げた例とほぼ同じです。違いは、最後に「保管」フォルダーを削除する操作が追加されたことだけです。

使うことができる命令文のブロックは図の左側の4種類とします。

意図通りの実行結果が得られるようにするには、どのブロックをどのように並べればよいでしょうか？　ご自分でちょっと考えてみてください。

正解は図の右側のようになります。4種類の命令文を次の順で並べれば、意図通りの実行結果が得られます。

まさに手作業で行う操作と全く同じように、命令文を上から並べています。このように必要な処理の命令文を、適切な順で上から並べて書くことがプログラミングの大原則なのです。実は単純に上から並べるだけでない書き方も、いずれも必要となるのですが、Chapter10でその全体像を簡単に紹介します。

**ブロックをどのように並べる？**

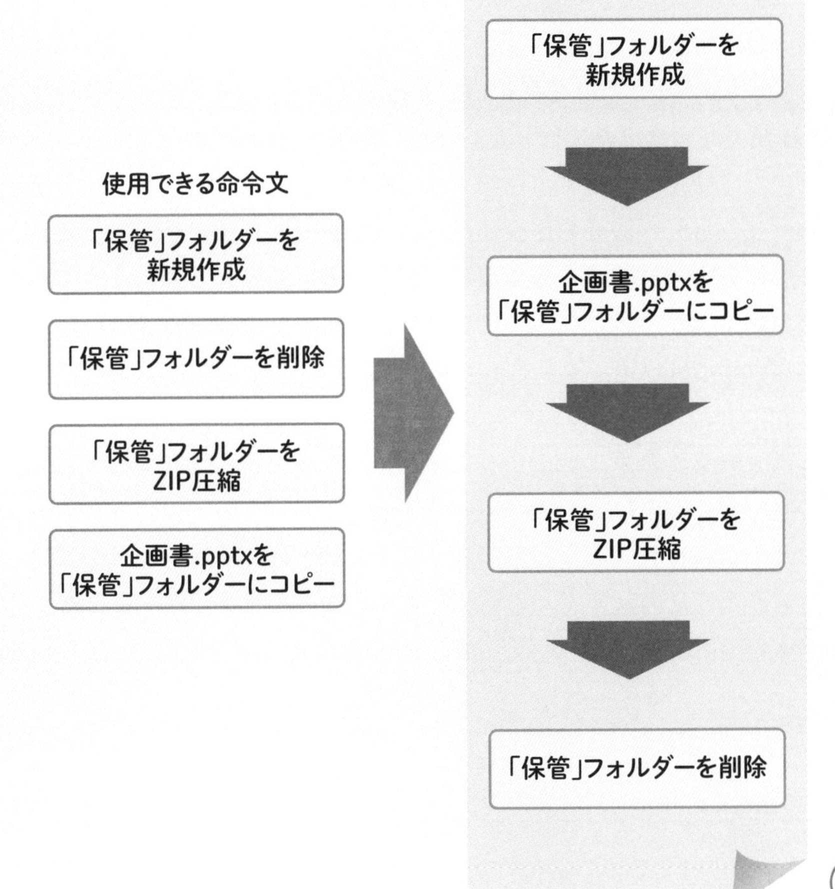

Chapter 03

# 限られた種類の命令文を正しく並べよう

## この2つもプログラミングのツボ

前節の疑似体験のなかには、プログラミングのツボがさらに2つ含まれています。

1つ目は「限られた種類の命令文のみで作る」です。疑似体験では4種類の命令文のみで作りましたが、実際のPythonのプログラミングでも、使える命令文の種類は限られます。それらを適切に組み合わせて、目的の機能を作らなければなりません。もっとも、限られるとはいえ何百種類もあるので、困ることはありません。たくさんある命令文から必要なものを選び、組み合わせていきます。詳しくはChapter04以降で順を追って解説します。

2つ目は「命令文は適切な順で並べる」です。Chapter03-01で学んだとおり、命令文を上から並べて書くと、上から順に実行されるのでした。そのため、不適切な順で並べてしまうと、意図通りの実行結果が得られなくなってしまします。たとえば、次ページの図のとおりです。あたりまえの話に思えるかもしれませんが、大切なツボなのです。

## 並び順が不適切だとダメ！

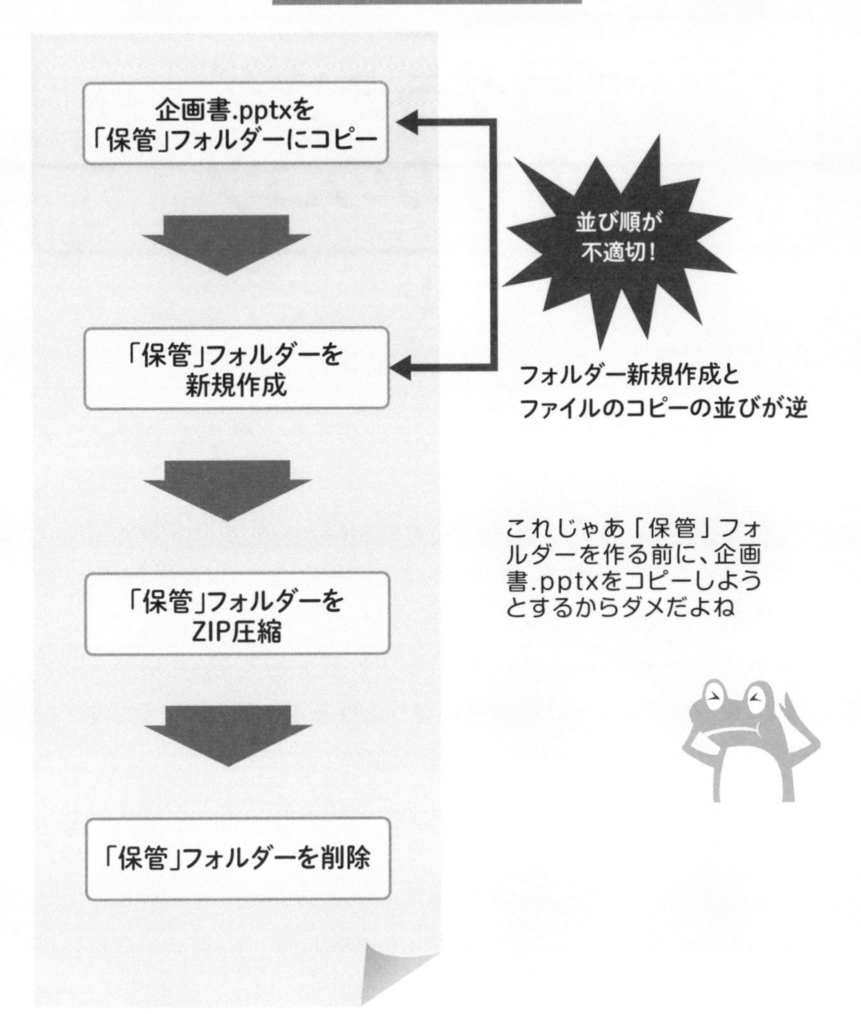

Chapter 03

# プログラミングそのもののコツ

## 最も重要なノウハウが「段階的に作り上げる」

Pythonに限らずどの言語でも、プログラミングでは“知識”とともに“ノウハウ”も非常に大切です。ここで言う知識とは、言語の文法やルールです。ノウハウとは、どの知識をどのような場面でどう使えばよいかなどの知恵です。知識だけでなく、ノウハウも身に付けることがプログラミングを学ぶ際のコツなのです。

ノウハウとは具体的にどんなことでしょうか？　いくつかありますが、最も重要なのが「**段階的に作り上げる**」です。本節では同ノウハウの内容、次節でなぜ重要なのかを解説します。

一般的にプログラミングでは、目的の機能を作るために、たいていは複数の命令文を書くことになります。そうやって作ったプログラムが意図通りの実行結果が得られるか、必ず実際に実行して動作確認します。その際、複数の命令文を一気にすべて書いてから、まとめて動作確認したくなるものです。

段階的に作り上げるノウハウではそうではなく、命令文を1つ書いたら、その場で動作確認します。複数の命令文をすべて書いてから、まとめて動作確認するのではなく、1つ書くたびに動作確認する点が大きなポイントです。意図通りの実行結果が得られたら、次の命令文を1つ追加で書き、同様に動作確認します。以降、それを繰り返していきます。

## 命令文を１つ書くたびに動作確認

たとえば、計3つの命令文からなるプログラムを作るなら・・・

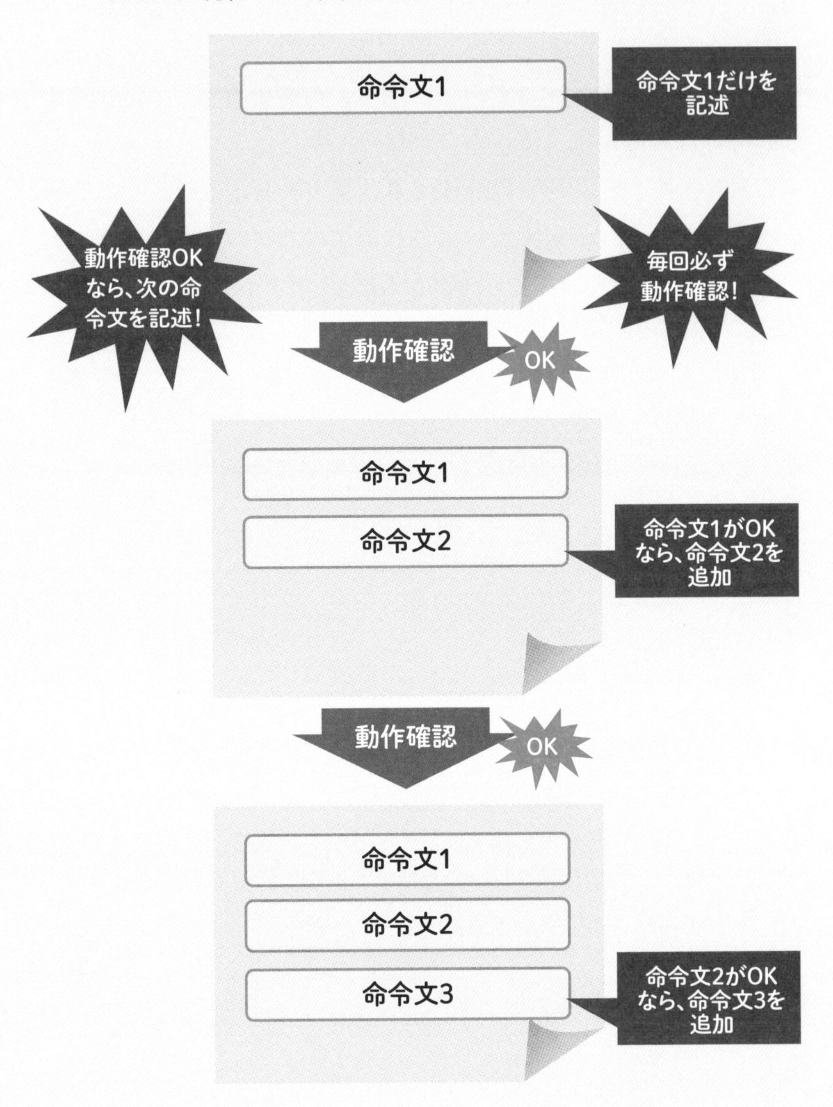

もし動作確認して意図通りの実行結果が得られなければ、命令文を必ずその場で修正します。命令文の中から誤った箇所を見つけて、修正したら再び動作確認を行い、意図通り動作することを確認してから、次の命令文を書きます。

修正後に再び動作確認を行った結果、もし意図通りの動作結果が再び得られなければ、修正内容が誤っていたことになるので、修正しなおします。意図通りの動作結果が得られるまで修正と動作確認を繰り返します。必ず修正が完了してから、次の命令文を記述します。言い換えると、1つの命令文が意図通り動作するまでは、次の命令文には進まないようにします。この点も大きなポイントです。

このように階段を1段ずつ登るがごとく、命令文を1つずつ記述して動作確認し、必要に応じて修正することの繰り返しによって、プログラムを作り上げていくノウハウになります。

## 誤りを必ずその場で修正する

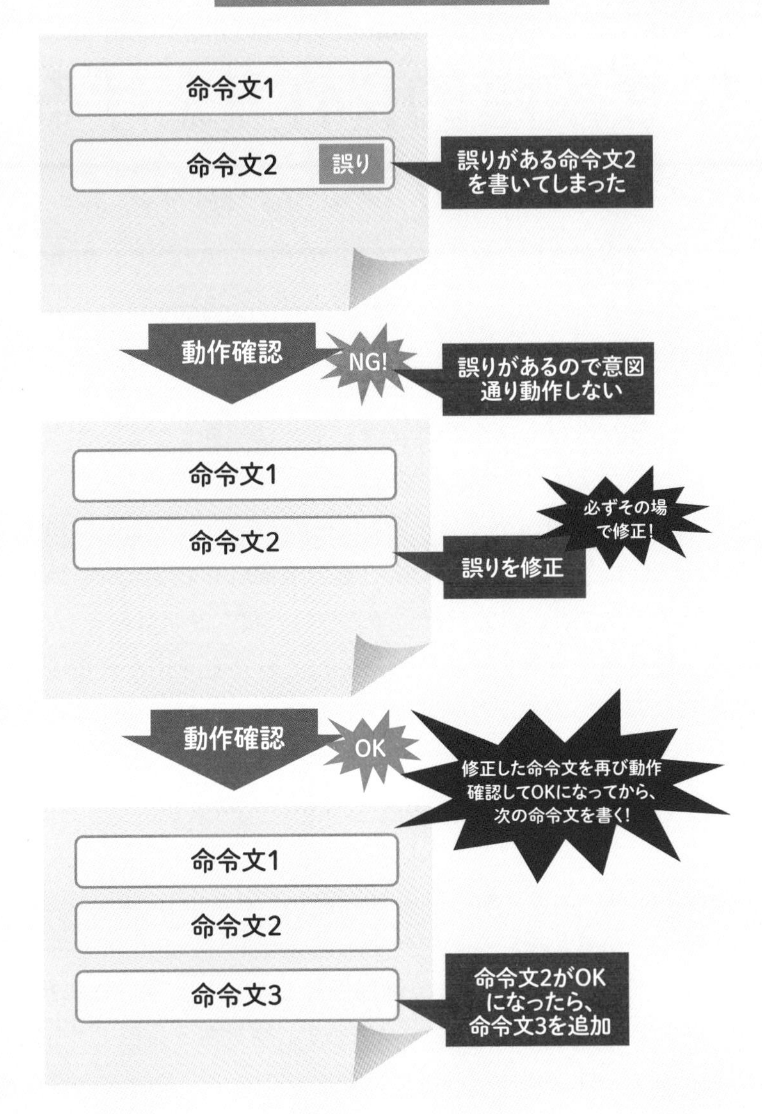

Chapter 03

# なぜ段階的に作り上げるノウハウが大切なの？

## 誤りを自力で発見しやすくできる

段階的に作り上げるノウハウが大切なのは、見本がないオリジナルのプログラムを自力で完成させるために必要だからです。

一般的によほどのベテランか天才でもない限り、正しいプログラムを一発で記述できないものです。自力で完成させるには、誤った箇所を自力で見つけ、自力で修正できなければなりません。しかし、初心者は誤りを発見すらできず、途方にくれてしまいがちです。見本があれば容易に発見できますが、オリジナルのプログラムだと見本がないので発見は困難でしょう。

本ノウハウは誤りを発見しやすくします。その理由を3つの命令文からなるプログラムを例に解説します。3つ目の命令文に誤りがあるプログラムを書いたが、書いた本人は気づいていないと仮定します。

まず本ノウハウを用いないケースです（右図）。3つの命令文すべてをまとめて記述し、まとめて動作確認したとします。その場合、誤りを探す範囲は3つの命令文すべてです。複数ある命令文から誤りを発見することは、実は初心者には難しいのです。命令文の数が増えるほど難しさは指数関数的に増します。

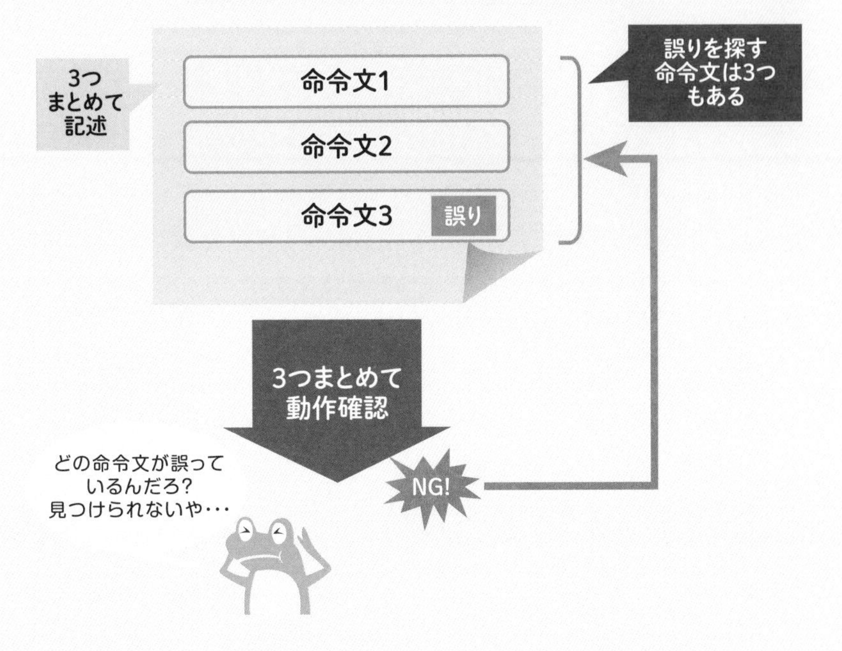
3つの命令文から誤りを探すのは難しい
3つ
まとめて
記述
命令文1
命令文2
命令文3
誤り
誤りを探す
命令文は3つ
もある
3つまとめて
動作確認
NG!
どの命令文が誤って
いるんだろ?
見つけられないや・・・

## 誤りを探す範囲を絞り込む

次は段階的に作り上げるノウハウを用いたケースです。右図の通り、誤りを探すべき範囲を、最後に書いた3つ目の命令文の1つだけに絞り込めます。なぜなら、1つ目と2つ目の命令文は動作確認済みであり、誤りがないことは既にわかっているので、誤りがあるとしたら3つ目の命令文の中だけだとわかるからです。複数ある命令文の中から誤りを探すのは初心者にとって困難ですが、1つの命令文の中だけなら、より容易に発見できるでしょう。

このように、誤りを探すべき範囲を最後に記述した命令文の1つだけに絞り込むことで、誤りを発見しやすくするのが本ノウハウのポイントです。見本がないオリジナルのプログラムを初心者が自力で完成させるための大きな助けになるコツなのです。

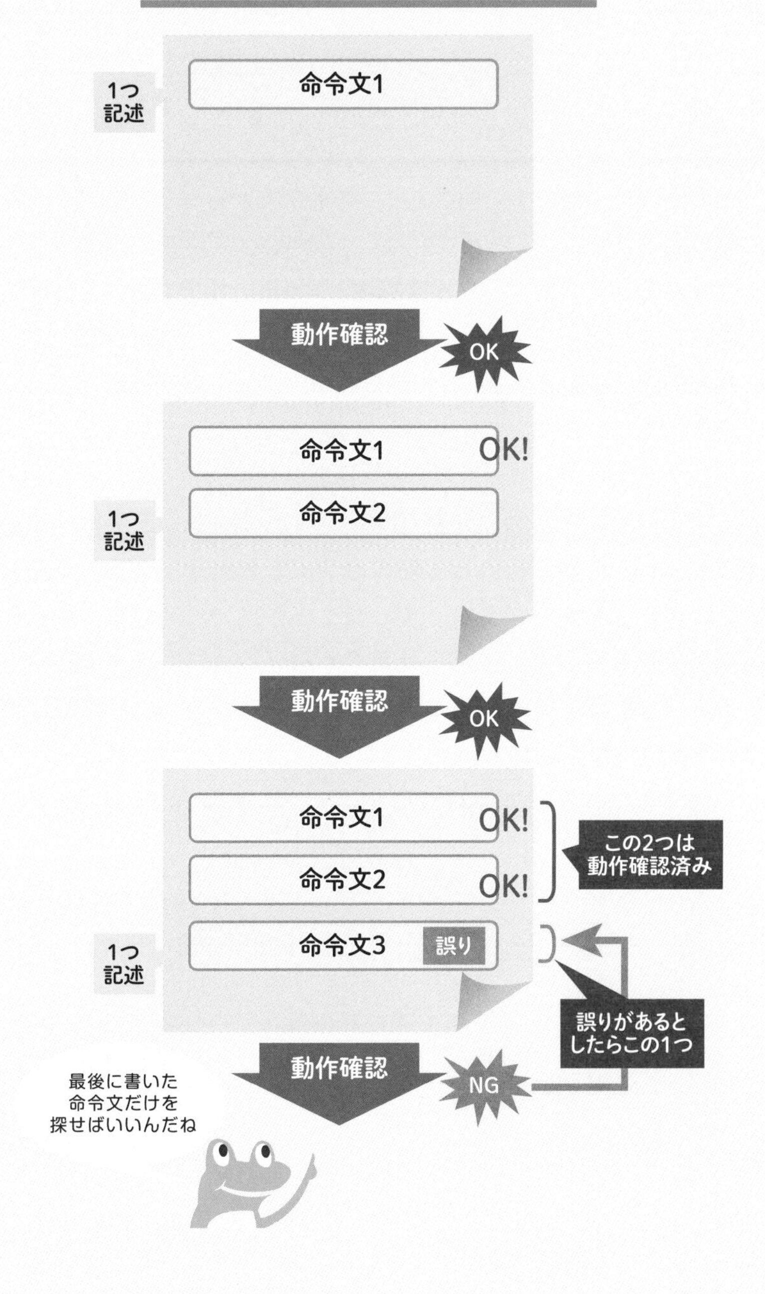
1つの命令文だけなら誤りを探しやすい
1つ記述
命令文1
動作確認
OK
1つ記述
命令文1
OK!
命令文2
動作確認
OK
命令文1
OK!
命令文2
OK!
この2つは動作確認済み
1つ記述
命令文3
誤り
誤りがあるとしたらこの1つ
動作確認
NG
最後に書いた命令文だけを探せばいいんだね

## 誤りが複数同時にあると…

しかも、本ノウハウを用いないと、同時に複数の命令文に誤りがある場合、発見はもっと困難になります。さらには修正にも悪影響が出ます。

その理由が次図です。同じく3つの命令文からなるプログラムを例に解説します。3つまとめて記述した命令文のうち、1つ目と3つ目に誤りがあるとします。動作確認後、1つ目の命令文の誤りは発見して修正できたが3つ目の命令文の誤りは見逃したままと仮定します。再び動作確認すると当然、3つ目の命令文の誤りが残っているので意図通り動作しません。

プログラマーにしてみれば、1つ目の命令文の誤りをちゃんと発見して修正したはずなのに、再び意図通り動作しない原因は、修正に失敗していたのか、それとも他の命令文にも誤りがあるのを見逃していたのか、わからなくなってしまうものです。初心者なら、その時点でアタマが混乱して前に進めなくなり、完成できずに終わってしまうでしょう。そういった事態に陥らないために、段階的に作り上げるノウハウを忘れずに用いてください。

本ノウハウは実際に体験しないとピンと来ないことも多いので、Chapter04以降で体験していただきます。

## 修正失敗？　それとも他に誤りがある？

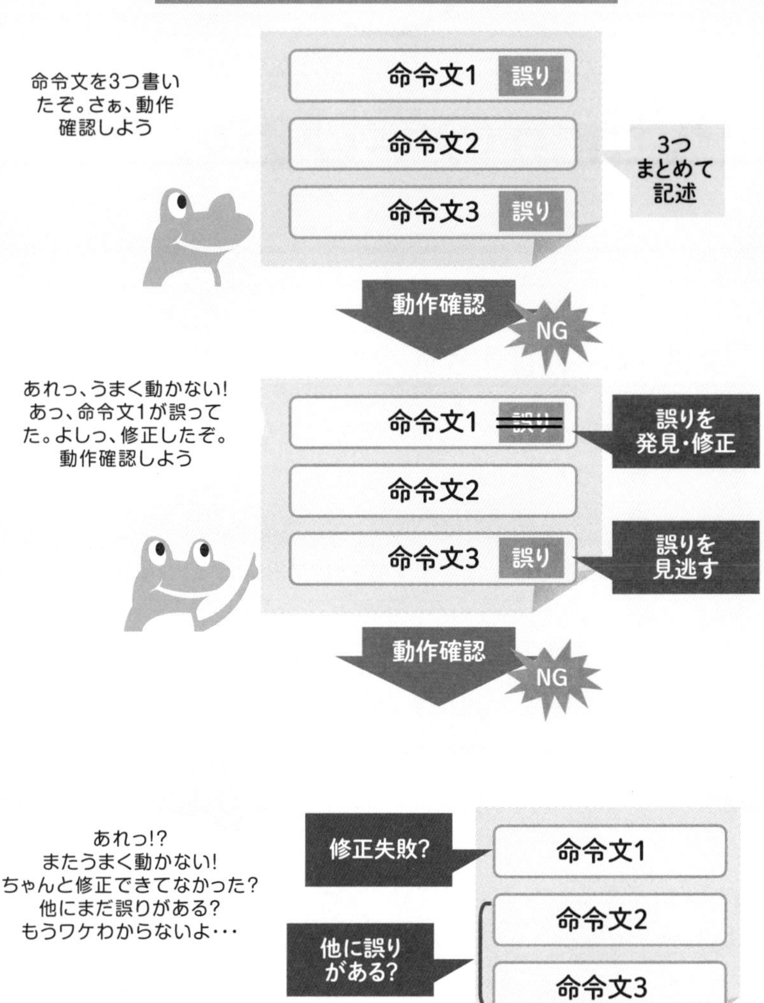

Chapter 03

# Pythonの学び方のコツ

## 文法・ルールは本やWebを見ればOK

Pythonのプログラミングの学び方で大切なのは、繰り返しになりますが、ノウハウを身に付けることです。特に、段階的に作り上げるノウハウなしでは、見本がないオリジナルのプログラムを自力で完成させられず、Pythonの学習を挫折してしまうでしょう。

一方、知識を学ぶ際のコツは、「無理に暗記しようとしない」です。Pythonの文法・ルールは非常に多岐にわたり分量も多いため、すべて暗記するのは実質不可能です。すべて暗記しようとすると、その膨大さゆえに必ず挫折するので注意しましょう。

知識については、本やWebを見ながらで全く問題ありません。本やWebを見れば済むものは、遠慮せずに見ればよいのです。そうやってプログラミングを続けていく過程で、自然に暗記できた知識を徐々に増やしていく程度のスタンスでよいのです。

プログラミングの学習では、知識にどうしても目が向きがちですが、ノウハウの習得により多くの時間と労力をかけることを強くオススメします。

## 知識よりノウハウを優先して身に付ける

| 知識 | ノウハウ |
|---|---|
| ・文法・ルール | ・段階的に作り上げる |
| etc | etc |

無理にすべて暗記せず、本やWebを見ればOKだよ

こっちを優先して身に付けなきゃ!

Chapter 03

# バックアップ作業を自動化するサンプルで学ぼう

## 1つのサンプルの作成で学ぶのが効果的

Pythonの学び方のコツは前節で紹介したものに加え、もう一つあります。それは何か1つのサンプルプログラムを作りながら学ぶ、ということです。

Pythonの学習は文法やルールを基本的なものから高度なものまで、細かく網羅的かつ断片的に学んでも、なかなか身に付かないものです。そして何より、コードを書いて動かしても、結局何のために何をやっているのかよくわからず、あまり楽しくなくモチベーションが下がりがちです。

そこで本書では、1つのサンプルを題材に学習します。そのサンプルの機能を一つ一つ順に作っていきます。その過程で、Pythonの文法やルールの基礎の基礎のみに絞り込み、順に学んでいきます。あまり使わないような高度なものは取り上げず、必要最小限な基礎の基礎の習得に特化します。加えて、サンプル自体は実際の仕事などに応用できるものであり、コードを書いて動かすと、その具体的な機能や効果が目に見えて体感できるので、学習のモチベーションも保てるでしょう。

サンプルの名前は「サンプル1」とします。ちょっとしたファイルのバックアップ作業を自動化するプログラムになります。具体的な機能などはChapter06-01で改めて紹介します。

Chapter
04
Pythonはじめの一歩

Chapter 04

# Jupyter Notebookを立ち上げよう

## Jupyter Notebookを起動するには

本書ではChapter02で述べた通り、Pythonのプログラムを書くのにJupyter Notebookを使うのでした。Jupyter NotebookはChapter02でインストールしたAnacondaに含まれているのでした。

それでは、さっそくJupyter Notebookを起動してみましょう。[スタート]メニューのプログラム一覧から、[Anaconda3 (64-bit)]をクリックして開き、[Jupyter Notebook (Anaconda3)]をクリックしてください。

**[スタート]メニューから起動**

すると、Jupyter Notebookが起動して、規定のWebブラウザーが自動的に開き、その上にJupyter Notebookのホーム画面が表示されます。Webブラウザーのタブには「Home Page」と表示されます。

**Webブラウザーでホーム画面が開く**

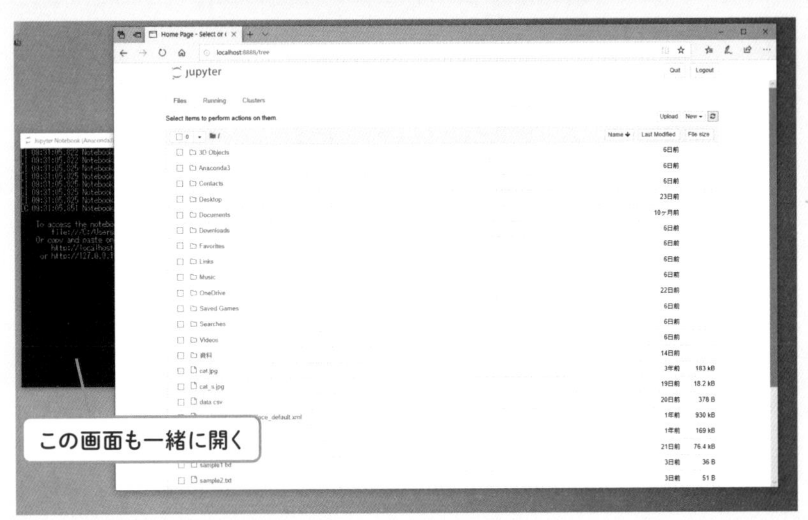


Jupyter NotebookはChapter02-03でも触れましたが、このようにWebブラウザー上に開いて動作します。上記画面では、Microsoft Edge（以下、Edge）の上に開いています。EdgeはWindows 10の初期設定で既定となっているWebブラウザーです。

もし、お使いのパソコンでGoogle Chromeなど別のWebブラウザーが規定になっている場合、そのWebブラウザー上にJupyter Notebookが開くことになります。Edge以外のWebブラウザーでも本書の以降の学習に問題ないので、そのままお使いください。ただし、本書では以降、Edgeが既定のWebブラウザーという前提のもと、解説に用いるJupyter Notebookの画面などはEdge上のものとします。なお、既定のWebブラウザーの確認・設定する方法は本節末コラムで紹介します。

起動した際はさらに、Webブラウザーとあわせて、コマンドプロンプトのような黒い画面（タイトルは「Jupyter Notebook (Anaconda)」）も別ウィンドウで開きます。こちらは実際には操作しないので、あまり気にせずそのままにしておけば構いません（閉じ方はChapter04-09　P100で改めて解説します）。

## 「ノートブック」を新規作成しよう

Pythonのプログラムを書くには、Jupyter Notebookのホーム画面から「ノートブック」というものを新たに作成する必要があります。Pythonのプログラムを実際に書くための画面になります。

では、ホーム画面の右上にある［New］をクリックし、［Python 3］をクリックしてください。

［New］→［Python 3］をクリック

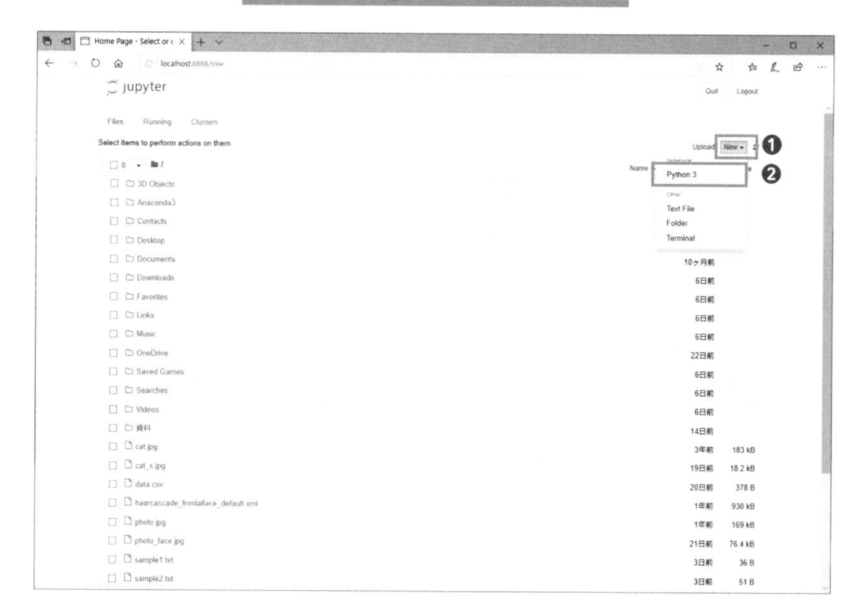

すると、Webブラウザー上でホーム画面の隣に新しいタブが追加され、ノートブックが作成されます。タブには「Untitled - Jupyter Notebook」と表示されます。これがノートブックの名前になります。

**ノートブックが新しいタブで開く**

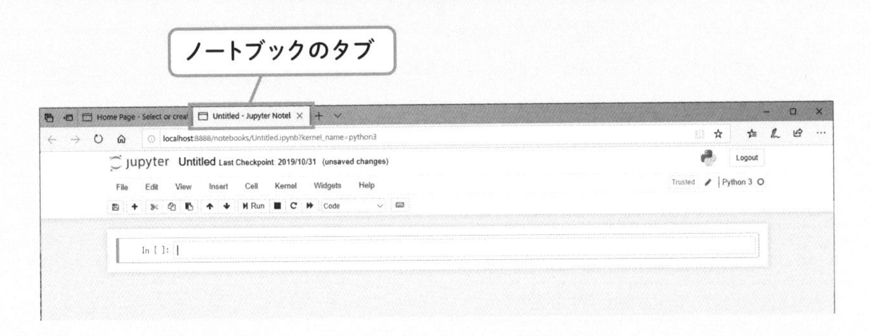


これでノートブック「Untitled」が新規作成されました。以降、ここにプログラムを書いていきます。さらにノートブックはプログラムを書くだけでなく、実行したり、実行結果を表示したりすることもできます。まさにプログラミング作業全般を行う画面になります。

ノートブックを作成すると、拡張子「.ipynb」のファイルとして保存されます。ファイル名はタブに表示されている「Untitled」になります。ノートブックを再び開く方法は後ほどChapter04-09　P102で、保存場所はChapter04-10　P104で改めて解説します。

なお、「Untitled」という名前は自動で付けられますが、これは読んで字のごとく「タイトルなし」といった意味合いです。この名前のままでもプログラミングは問題なく行えます。もし、名前を変更したければ、本章P113のコラムを参照してください。

## 既定のブラウザーを確認・変更するには

既定のブラウザーはWindowsのOS側で設定されます。Windows 10では「既定のアプリ」画面で確認・設定できます。[スタート]メニューの[設定](歯車のアイコン)をクリックして「設定」画面を開き、[アプリ]をクリックしたら、続けて左側のメニューから[既定のアプリ]をクリックします。すると、「既定のアプリ」画面に切り替わり、既定のアプリ一覧が表示されます。その中の「Webブラウザー」欄に、現在既定となっているWebブラウザーの名前が表示されます。

### 「既定のアプリ」画面で確認

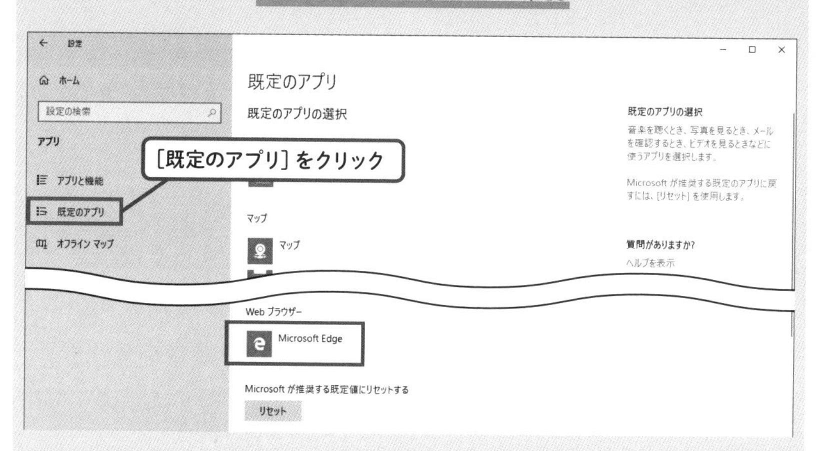

もし、既定のWebブラウザーを変更したければ、Webブラウザー名の部分をクリックします。ポップアップメニューに設定可能なWebブラウザーが表示されるので、目的のアプリを選びます。

**既定のWebブラウザーを変更する方法**

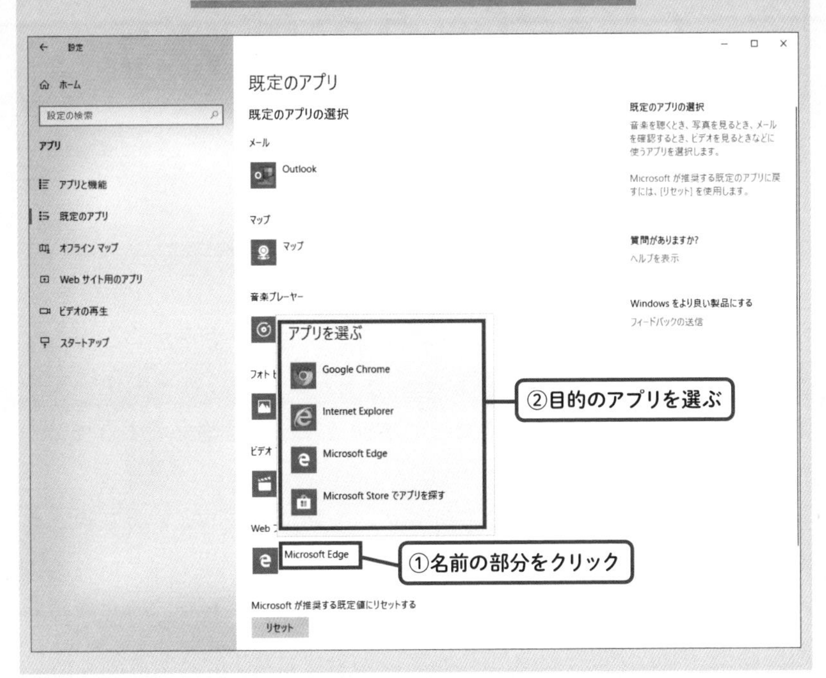

Chapter 04

# 02 最低限知っておきたいノートブックの使い方

## 使い方はこの2つだけおぼえればOK！

前節で開いたJupyter Notebookのノートブック（名前は「Untitled」）の画面を見ると、メニューやらボタンやらがいろいろ並んでいます。プログラムを書いて実行するには、これらの使い方をすべて習得する必要はありません。本節では、最低限必要となる2つだけを解説します。

1つ目はプログラムを書く箇所です。それは「In[ ]:」と表示されたすぐ右隣りにあるグレーの枠の中です。この「In[]：」やグレーの枠などを含む領域でプログラミングを行っていきます。この領域は専門用語で「セル」と呼びます。まずはこの「セル」という言葉と役割をおぼえましょう。

セルの枠内にカーソルが点滅している状態なら、キーを押すなどしてプログラムを入力できます。もし、カーソルが点滅していなければ、セルの枠内をクリックすれば点滅します。

おぼえてほしい2つ目は、書いたプログラムの実行方法です。セルの上にあるツールバーの［Run］ボタンをクリックすれば実行できます。実行すると、その結果がセルのすぐ下に表示されます（次節で実際に体験していただきます）。他にも、ショートカットキーの Shift ＋ Enter でも実行できます。

## ノートブックの使い方はまずこの2つをおぼえよう！

Shift + Enter
でも実行できるよ

⦿おぼえること2　実行方法

Run ボタンで実行

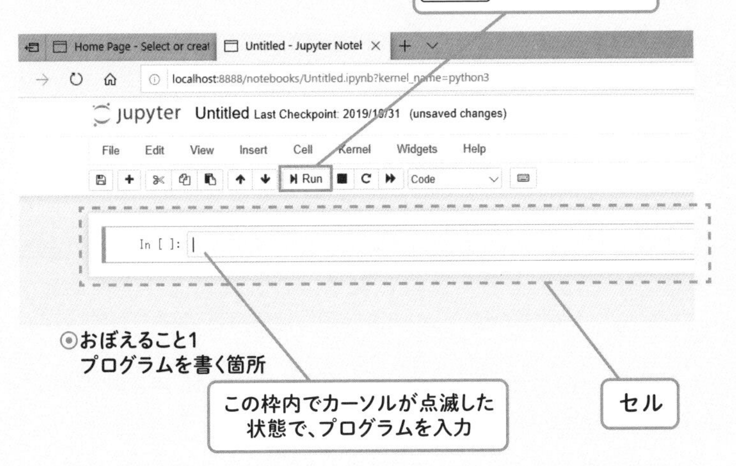


セル内の枠内をクリックすれば、カーソルが点滅するよ

Chapter 04

# 03 簡単な命令文を1つ書いて実行してみよう

## 数値を画面に表示する命令文とは

サンプル1のプログラムを作り始める前に、Pythonのはじめの一歩として、さらにJupyter Notebookの練習も兼ねて、サンプル1とは別となる簡単な命令文を1つ書いて実行してみましょう。今回は数値の5を画面上に出力する命令文とします。ここで言う「出力する」とは、画面上に表示することと同じ意味です。出力される箇所は前節で学んだとおり、セルのすぐ下になります。プログラムの実行結果として表示されます。

Pythonで出力するには、「print」という命令文を使います。Pythonに初めから用意されている命令文のひとつです。「何か出力したかったら、printという命令文を使ってください」とPythonのルールで決められているので、それに従うわけです。

命令文はそれぞれ書式が決められており、必ずその書式に従って記述します。printの書式は以下です。

書式

```
print(値)
```

まずは「print」と記述します。半角の小文字で必ず記述するよう決められています。全角や大文字が混ざると、Pythonの文法に反することになり、実行した際にエラーとなってしまいます（エラーの具体例と対処方法はChapter04-08　P98で改めて紹介します）。もちろん、スペルを誤ってもエラーになります。

「print」に続けて、半角のカッコ「(」と「)」の間に、出力したい値を記述します。カッコは必ず「(」と「)」のペア（対）のかたちで使います。いずれかが抜け落ちていると、Pythonの文法として誤りになり、エラーになってしまいます。また、必ず半角で書きます。

printという命令文はこのように書式が決められているので、それに従って記述する必要があります。今回は数値の5を出力したいので、上記書式の「値」の部分に5をあてはめて、下記のように記述すればよいことになります。

```
print(5)
```

**printの書式と記述例**

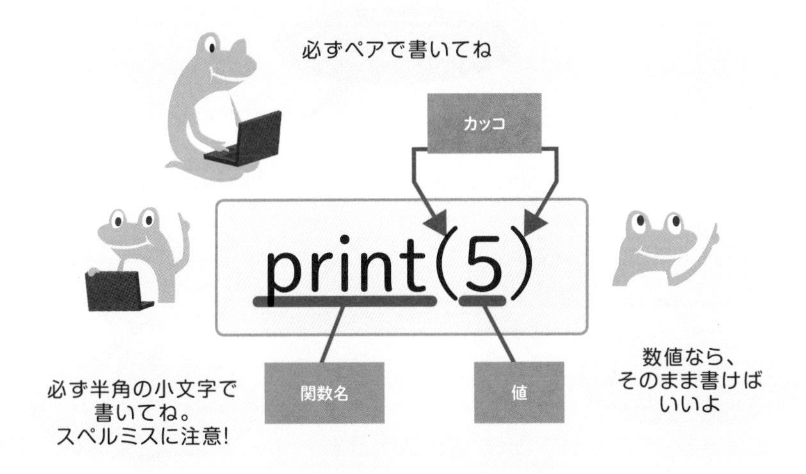


また、Pythonではカッコの他にも、必ずペアで用いる記号がいくつかあります。それらは次節以降で順に紹介していきます。

## 実際に命令文を入力してみよう

それでは、先ほど学んだ5を出力する命令文「print(5)」をJupyter Notebookに入力しましょう。ノートブック「Untitled」のセルの枠内にカーソルが点滅した状態で、まずは「print」まで入力してください。必ず半角の小文字で入力してください。

```
print
```

**セルの枠内に「print」まで入力**

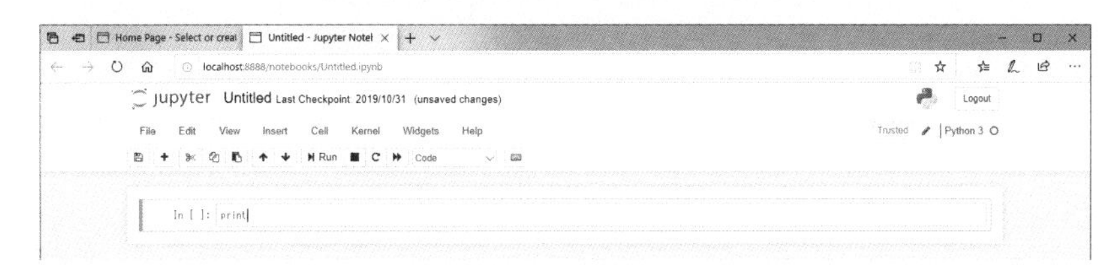


本書では以降、セルの枠内に入力することを単に「セルに入力」と表現するとします。続けて半角のカッコを入力します。まずはペアの前の「(」だけを入力してください。必ず半角で入力してください。

```
print(
```

すると、「)」も自動で入力されます。

```
print()
```

**「)」が自動で入力された！**

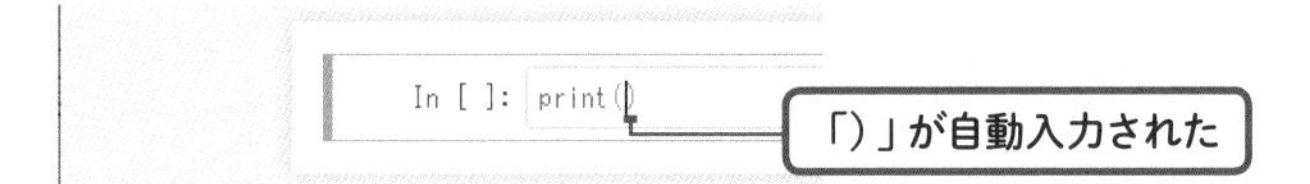

このようにカッコをはじめペアで用いなければならない記号については、ペアの前の記号だけを入力すれば、後ろの記号はJupyter Notebookが自動的に補完してくれます。ペアで用いるものはいずれか片方が欠けるとエラーになりますが、こういった補完機能のおかげで入力忘れを未然に防ぐことができます。もちろん、自分であとから誤って消してしまい、片方が欠けるとエラーになるので注意してください。

さらにセルの中をよく見ると、「(」と「)」の間でカーソルが点滅していることがわかります。このあとそのままカッコの中に値（今回は数値の5）を入力できます。通常は文字を入力すると、カーソルはその文字の後ろに移動しますが、自動で補完されて入力された「)」の前にカーソルをJupyter Notebookが自動で移動してくれます。そのため、いちいちカーソルを移動しなくても、次の作業であるカッコの中への入力にすぐ取り掛かれるのです。

それでは、カッコの中に数値の5を入力してください。この5も必ず半角で入力してください。全角で入力するとエラーになってしまうので注意しましょう。

```
print(5)
```

カッコ内に5を半角で入力

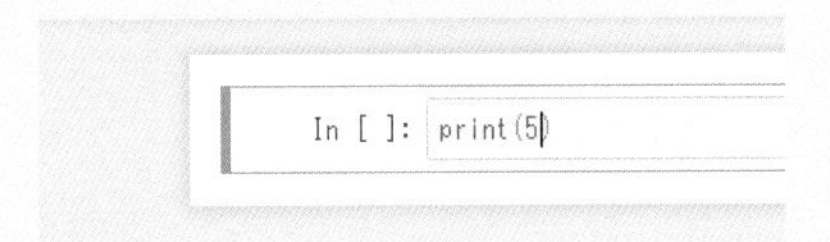


これで命令文「print(5)」をセルに書けました。たったこれだけの命令文ですが、Jupyter Notebookの便利さ、親切さが垣間見られたのではないでしょうか。

さらにJupyter Notebookは、記述したプログラムは随時自動で保存されます。うっかり保存し忘れて、せっかく書いたプログラムが消滅してしまう事態も防いでくれる点も親切でしょう。

## 書いた命令文を実行してみよう

本節はここまでに、数値の5を出力する命令文「print(5)」を書きました。では、さっそく実行してみましょう。Jupyter Notebookのツールバーの［Run］ボタンをクリックしてください。

**［Run］ボタンをクリック**

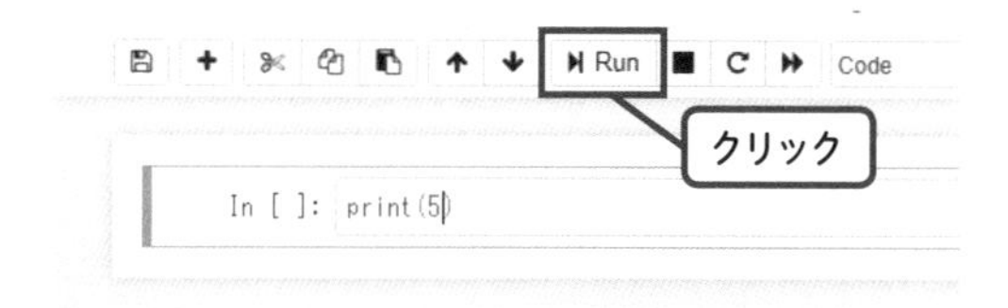


すると、実行結果としてセルの下の部分に、数値の5が出力されることが確認できます。

**コードが実行され、結果が表示された**

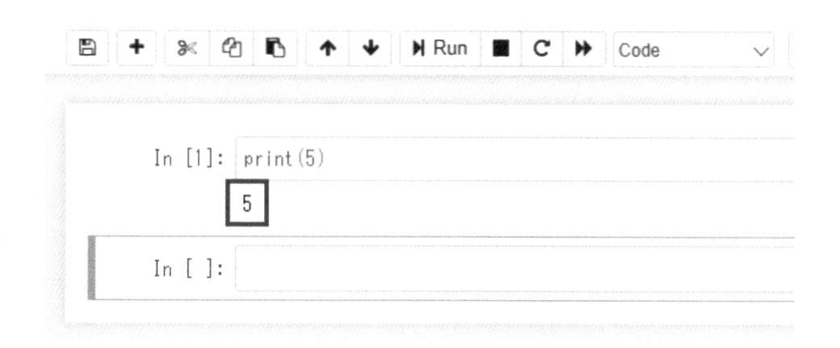


なお、実行すると上記画面のように、実行結果の下に新たなセルが自動で追加され、別の命令文を入力・実行できる状態になります。

本節では、Jupyter Notebook上にて、Pythonの命令文「print(5)」

と書き、実行してその結果を確かめました。たった1行の命令文だけですが、これも立派なプログラムです。Pythonのプログラミングの作業の大筋はこのように、「プログラムを書いて実行する」というものです。書く命令文の数が増えるなどして、プログラムがより複雑で大きな規模になっても、この大筋は同じです。

## 命令文は「コード」と呼ばれる

これまで「print(5)」などは「命令文」と呼んできましたが、専門用語では「ソースコード」、または「コード」と呼ばれます。本書では以降、命令文のことは「コード」を呼ぶことにします。「コードを書く」といったら、「命令文を書く」と同じ意味であり、「コードを実行する」といったら、「命令文を実行する」と同じ意味であるととらえてください。

また、本書ではこれまで「プログラムを書く」や「プログラムを実行する」という表現も用いてきました。この「プログラム」も正体は命令文の集まりなので、「コード」と同じ意味ととらえてください。

### 厳密にはコードとプログラムは違う？

実は厳密にいうと、コードとプログラムは異なります。コードはいわば「プログラミング言語で書かれた命令文の集まり」であり、あくまでも文字の羅列にすぎません。プログラムはそのコードを実行できるよう、コンピューターの内部でさらに“翻訳”されたもの、といった意味合いも含まれています。

何だか非常にややこしい話になってしまいましたが、とにかく、広義ではコードもプログラムも同じであるとみなしても、実際のプログラミング作業に実質的にまったく問題ありません。あまり細かい言葉の定義に神経質になりすぎないよう注意しつつ、学習をどんどん進めましょう。

Chapter 04

# 文字列の書き方を学ぼう

## 文字列は「'」で囲む

本節から次節にかけて、前節で書いて実行したコード「print(5)」の一部をちょっとだけ変更し、文字列を出力することを体験していただきます。実際の変更と実行は次節で行います。本節ではそれに先立ち、文字列の書き方を学びます。文字列の書式は次の通りです。

書式

```
'文字列'
```

目的の文字列を「'」(シングルクォーテーション) で囲みます。「'」は必ず半角で記述します (入力方法は、次節で解説します)。

この「'」もカッコと同じく、ペアで必ず使います。カッコは「(」と「)」という別の記号のペアでしたが、文字列の書式ではペアの前も後ろも同じ記号「'」を使います。いずれかが欠けるとエラーになるので注意しましょう。

たとえば、「こんにちは」という文字列なら、以下になります。

```
'こんにちは'
```

このように「'」の中なら、日本語など全角の文字でも記述できます。

## 文字列の書式と例

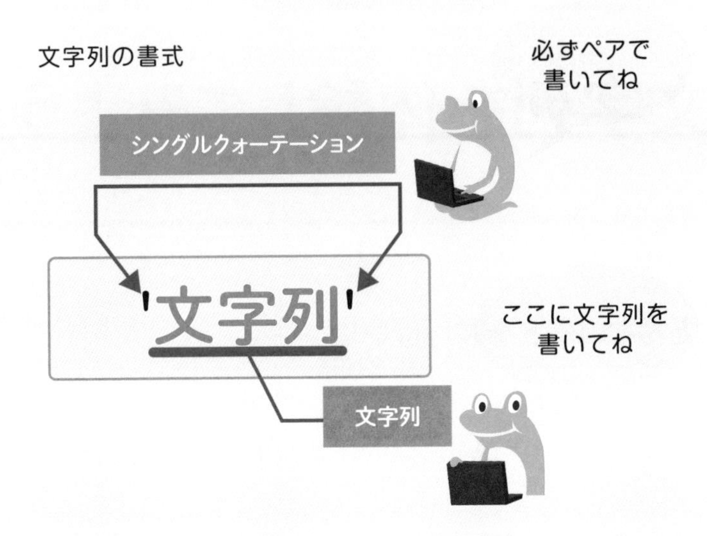


文字列の例:「こんにちは」

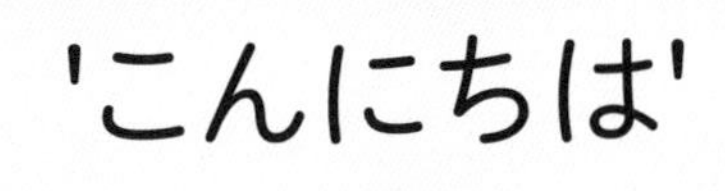


日本語とかも
書けるんだね

「こんにちは」を
シングルクォーテーションで
囲って書くよ

Chapter 04

# 文字列を体験してみよう

## どんなコードを書けばいい?

文字列の書き方を学んだところで、さっそく体験してみましょう。今回は「こんにちは」という文字列を出力するコードを書いて実行するとします。

どのようなコードを書けばよいでしょうか？　文字列「こんにちは」は前節で学んだとおり、「こんにちは」を「'」で囲んで「'こんにちは'」と記述すればよいのでした。これをprintの書式に応じて、カッコ内に「'こんにちは'」を記述すれば、出力できることになります。以上を踏まえると、目的のコードは以下になります。

```
print('こんにちは')
```

Chapter04-03のコード「print(5)」から、カッコ内の「5」が「'こんにちは'」に変わっただけのコードになります。これで、どのようなコードを書けばよいかわかりました。

## 実際にコードを変更し、文字列を出力しよう

それでは、このコードを実際にJupyter Notebookのセルに入力

し、実行してみましょう。

お手元のJupyter Notebookは現在、前々節でコード「print(5)」を実行し、新たなセル（上から2つ目のセル）が自動で追加され、その中でカーソルが点滅している状態かと思います。今回はこのセルにコードを新たに記述するとします。このセルでカーソルが点滅してなければ、セル内をクリックしてカーソルが点滅した状態にしてください。

**新しいセルにコードを入力する**

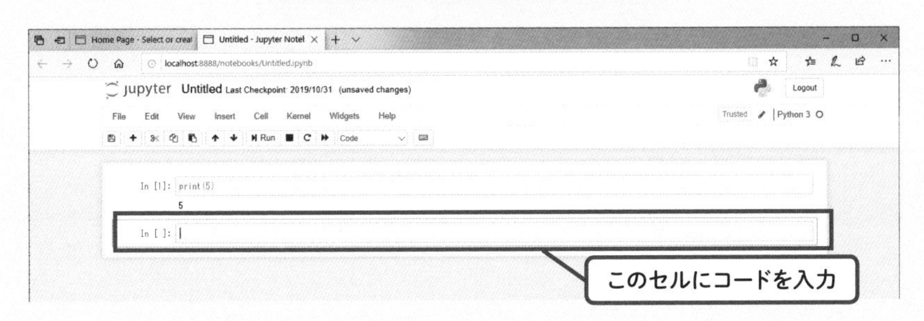


まずは「print」を入力し、「(」を入力してください。すると、前々節と同じく、「)」が自動で入力され、その前でカーソルが点滅した状態になります。

```
print()
```

**「print()」まで入力**

```
In [ ]: print()
```

次に、「'」(シングルクォーテーション)を1つだけ入力してください。

```
print(')
```

### 「'」の入力方法

「'」を入力するには、Shift キーを押しながら7キーを押します。この7キーはテンキーではなく、Yキーや Uキーの上にあるキーになります。日本語がオンになっていると全角で入力されてしまう恐れがあるので、半角に変換するか、最初から日本語をオフにして入力しましょう。

「'」を1つ入力すると、ペアの後ろとなるもう1つの「'」が自動で入力され、その前でカーソルが点滅した状態になります。

```
print('')
```

**ペアの後ろの「'」が自動で入力された**

5

```
In [ ]: print('')
```

「'」が自動入力された

このようにJupyter Notebookは、ペアで用いる「'」はカッコと同じく、ペアの後ろを自動で補完入力してくれます。そして、「'」と「'」の間にカーソルを自動で移動してくれます。

そのカーソルの位置から、文字列「こんにちは」を入力してください。

```
print('こんにちは')
```

**「'」の間に「こんにちは」を入力**

```
5

In [ ]: print('こんにちは')
```

入力し終わったら、［Run］ボタンをクリックして実行してください。ショートカットキーの Shift ＋ Enter でも実行できます。慣れてきたら、このショートカットキーも使うとよいでしょう。

実行すると、このようにセルの下に「こんにちは」と表示されます。

**文字列「こんにちは」が出力された**

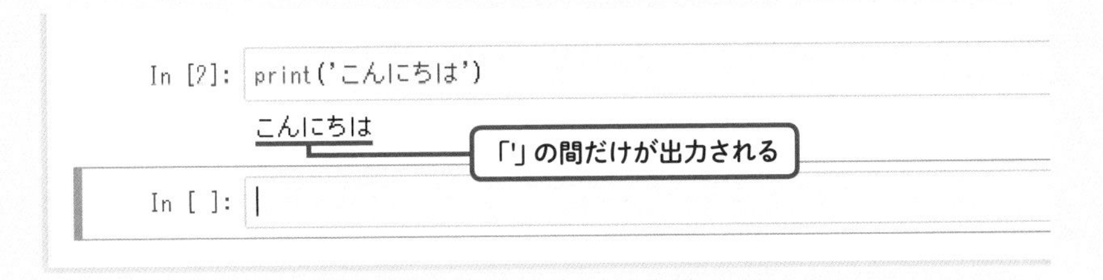


この出力した結果には、「'」がつかない点に注目してください。printのカッコ内には「'こんにちは'」と、目的の文字列「こんにちは」を「'」で囲って記述しました。この「'」は文字列を指定するための記号であり、出力されるのは文字列「こんにちは」そのものになります。言い換えると、「'」と「'」で囲った間に記述した文字列の本体だけが出力されることになります。

## 文字列は赤文字で表示される

本節でコードを入力していて気づいたかもしれませんが、「print('こんにちは')」の文字列の部分「'こんにちは'」のみ、赤色で表示されています。これはJupyter Notebookの機能によるものであり、「'」で囲まれた文字列の部分は自動で赤色になります（前後の「'」も含みます）。コードのどの部分が文字列なのか、色によってひと目で見分けられます。

また、「print」の部分も、緑色の文字で表示されています。これも同じくJupyter Notebookの機能によります。

**自動的に色文字で表示される**

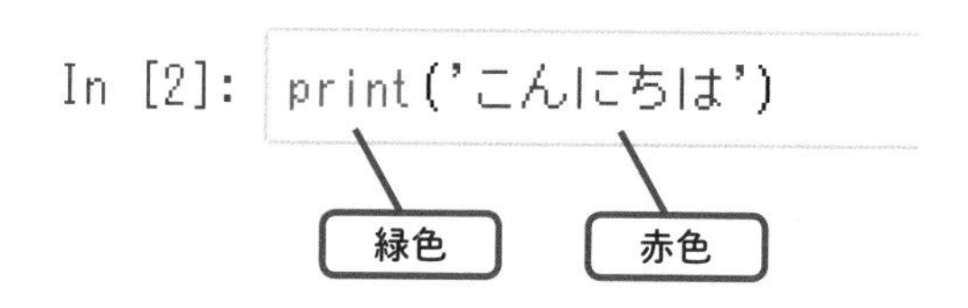


この機能によって、コードがより読みやすく編集しやすくなります。他にも、このあと登場する語句や記号のいくつかは、自動で色文字で表示されます。

なお、カッコは少々ややこしく、通常は黒色なのですが、カッコ内の記述内容やカーソルの位置などによっては緑色になります。

また、この機能は入力ミスを探すのにも役立ちます。たとえば、もし「print('こんにちは)」と「'」を閉じ忘れて書いてしまったとします。その場合、「)」が黒色や緑色ではなく赤色で表示されます。文字列の本体の一部とJupyter Notebookに見なされたしまったわけです。このように文字色によってミスを見つけやすくなります。

**「'」を忘れたエラーが文字色でわかる**

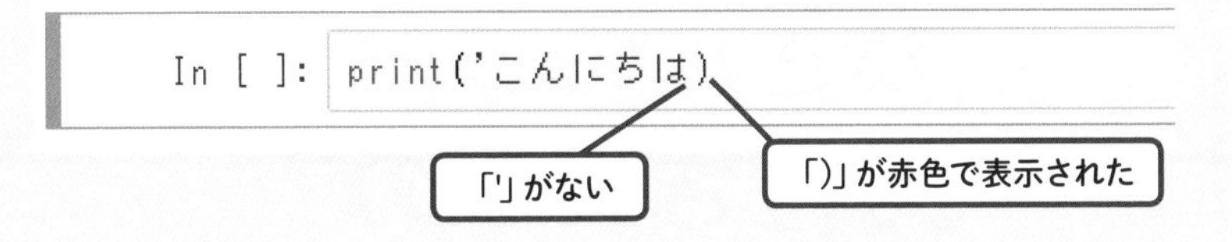

\Column/

## ダブルクォーテーションも使える

文字列の記述には「'」の代わりに「"」(ダブルクォーテーション)も使えます。たとえば本節のコードなら以下のようにも記述可能です。

```
print("こんにちは")
```

「'」と同じく、ペアの前の「"」のみ入力すれば、後ろの「"」もJupyter Notebookによって自動で入力されます。

どちらを使用してもよいのですが、同じコードの中で併用することだけは、混乱のもとになるので避けましょう。本書では「'」で統一するとします。

なお、シングルクォーテーションが2つ並んだ「''」と、ダブルクォーテーション１つの「"」は画面表示の設定など、場合によっては見た目がほぼ同じになる可能性があり、混同しやすいので注意しましょう。見分ける方法としては、矢印キーなどでカーソルを「'」と「'」の間の移動するなどすれば、「'」が2つなのか「"」が１つなのかを確認できます。

Chapter 04

# どのセルのコードが実行されるの？

## 選択中のセルのコードが実行される

お手元のJupyter Notebookは現在、コードが入力されたセルが2つあり、さらに一番下には、前節で実行した後に自動で追加されたコード未入力のセルがある状態です。Jupyter Notebookはこのように、1つのノートブックに複数のセルを設け、それぞれにコードを入力して実行できます。たとえば、試行錯誤しながらデータ分析したいケースにて、さまざまなコードをテンポよく次々と実行してきたいなど場合に便利でしょう。

複数あるセルの中で、［Run］ボタンをクリックしたら実行されるセルは、現在選択されているセルです。選択されているセルは周囲に枠線が表示されます。コードを入力していれば、そのセルが選択されていることになります。別のセルを選択したければ、そのセルをクリックしてください。

また、セルの左側に表示される「In［数値］」の「数値」の部分は、コードが実行された順を示す連番になります。空のセルに新たに入力したコードや、同じセルのコードを実行すると、そのセルの連番が増えていきます。いろいろなコードを試行錯誤的に実行した際の管理などに役立つ機能です。また、本書の画面上での連番とお手元の連番が異なっていても全く問題ないので、気にせず学習を進めてください。

## 現在選択されているセルが実行される

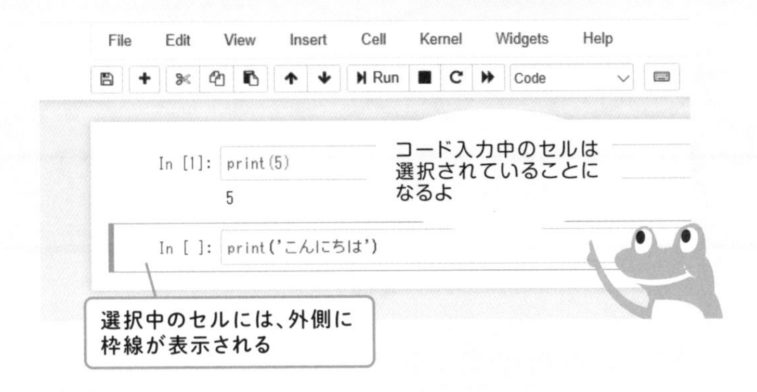


### ◉外側の枠線の色の違い

▼緑色　→　コード入力中
▼青色　→　セルの選択のみ

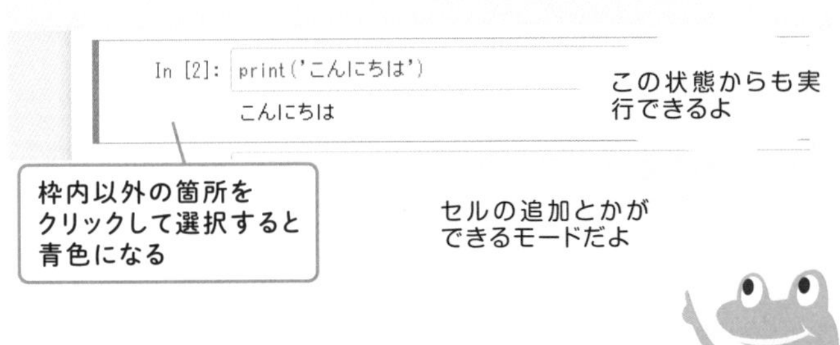

### 新たなセルが追加されるのは？

実行するとその下に新たなセルが追加されるのは、一番下のセルで初めて実行した際のみです。それより上のセルで実行したり、同じセルで2回目以降実行したりした際は追加されません。

Chapter 04

# 大文字/小文字や全角/半角は区別されるの?

## 英数字記号は必ず半角で!　大文字/小文字も区別

本章でコードを書く際、「print」やカッコ、「'」(シングルクォーテーション)は必ず半角で書いてきました。Pythonでは基本的に、英数字記号は必ず半角で記述します。言い換えるなら、文字列そのもの(「'」と「'」の間に記述した中身)以外はすべて半角で記述します。そうしないとエラーになってしまいます。逆に文字列そのものなら、全角の英数字記号を使っても構いません。

あわせて、「print」は必ず小文字アルファベットのみで記述します。Pythonでは大文字と小文字が厳格に区別されるので、小文字で書くべき箇所に大文字を使ってしまうとエラーになります。逆に大文字で書くべき箇所に小文字を使うとエラーになります。「print」はたまたますべて小文字ですが、大文字が混ざる命令文も多々あります。どの箇所が小文字でどの箇所が大文字なのかは、命令文の種類になどによって決められています。その都度調べればOKです。

他にもコードの原則として、「1つの命令文は1つの行に収める」もあります。もっとも、箇所によっては途中で改行できるケースもいくつかありますが、いらぬエラーを避ける意味でも、初心者の間は1つの行に収めるようにしましょう。

## 大文字/小文字と全角/半角はこう扱う

英数字記号は必ず半角で記述

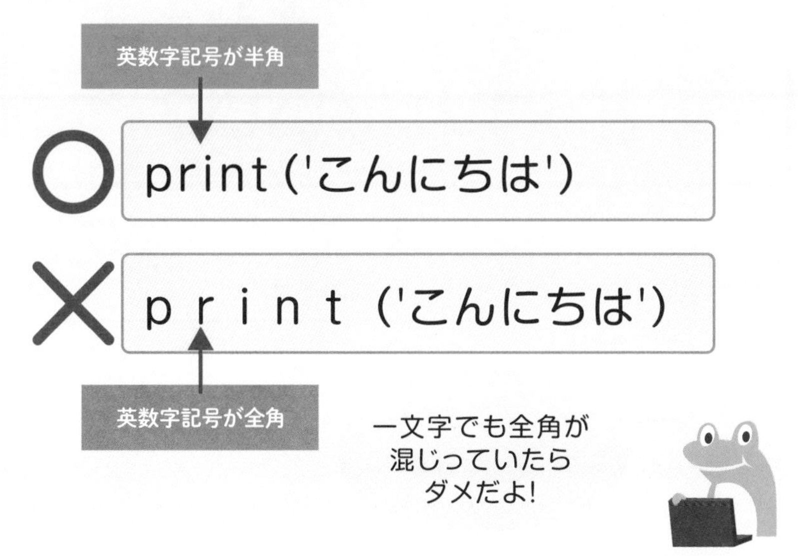


大文字/小文字は指定されたとおりに

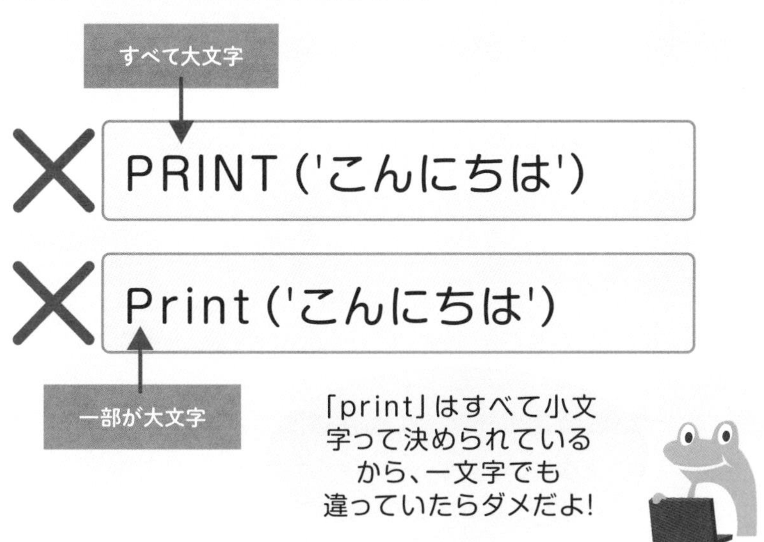

Chapter 04

# エラーが表示された！どうすればいい？

## エラーになったらここをチェック！

本章でこれまで解説してきたPythonの文法・ルールに反するコードを書いてしまうと、実行した際にエラーになります。ここでエラーになる主な原因を以下の通りまとめておきます。

- ☑ 全角が混ざっている（文字列の中身以外）
- ☑ 小文字で書くべき箇所が大文字になっている（その逆も）
- ☑ スペルが誤っている
- ☑ カッコなどペアの前後いずれかが抜けている

もしエラーになってしまったらこれらをチェックし、誤っている箇所を見つけて修正してから、再び実行しましょう。

書き間違いによるエラーは、Python初心者でなくともしょっちょう起こしてしまうものなので、もしエラーになっても落ち込まずにどんどんプログラミングを進めましょう。

### “いらぬスペース”にも注意

キータッチミスなどで全角スペースを入力してしまうと、エラーになります（文字列の中身以外）。特にコードの末尾に誤って入れた全角スペースは探すのが非常に困難です。どうしてもエラーの箇所が見つからなければ、コード末尾に全角スペースがないか疑ってみましょう。また、半角スペースも「print」の途中など、不適切な箇所に入っているとエラーになります。

## 主なエラーの原因とエラーメッセージ例

### ◉ペアのいずれかが抜けている

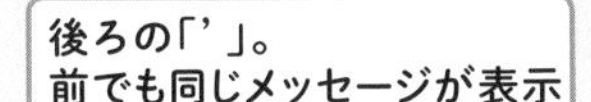


まずはこれをチェック!
抜けている記号や場所
でメッセージが変わるよ

```
In [23]: print('こんにちは)

  File "<ipython-input-23-e74b0b46241d>", line 1
    print('こんにちは)
          ^
SyntaxError: EOL while scanning string literal
```

前の「(」

```
In [26]: print'こんにちは')

  File "<ipython-input-26-884f1a0999a5>", line 1
    print'こんにちは')
         ^
SyntaxError: invalid syntax
```

後ろの「)」

```
In [27]: print('こんにちは'

  File "<ipython-input-27-9b64ae956306>", line 1
    print('こんにちは'
                    ^
SyntaxError: unexpected EOF while parsing
```

### ◉全角が混ざっている

このメッセージが出たら、全角じゃないかチェックしてね

```
In [20]: print （'こんにちは')

  File "<ipython-input-20-17b0b01d02b3>", line 1
    print （'こんにちは')
          ^
SyntaxError: invalid character in identifier
```

「(」が全角

全角の箇所が「^」で表示される

### ◉小文字で書くべき箇所が大文字

```
In [21]: Print('こんにちは')

---------------------------------------------------------------------------
NameError                                 Traceback (most recent call last)
<ipython-input-21-ec109c6b30b4> in <module>
----> 1 Print('こんにちは')

NameError: name 'Print' is not defined
```

大文字

誤りの箇所がここに表示される

### ◉スペルが誤り

```
In [22]: ptint('こんにちは')

---------------------------------------------------------------------------
NameError                                 Traceback (most recent call last)
<ipython-input-22-a18b5a600146> in <module>
----> 1 ptint('こんにちは')

NameError: name 'ptint' is not defined
```

スペルミス

誤りの箇所がここに表示される

Chapter 04

# Jupyter Notebookの終了方法を知ろう

## Jupyter Notebookを終了するには

本章でここまでにJupyter Notebookの基本的な使い方を学び、そのなかで練習として、数値や文字列を出力するコードの書き方も学びました。さらに本節にて、Jupyter Notebookを終了する方法、および次に起動してからノートブックを再び開く方法を学んでおきましょう。

Jupyter Notebookを終了するには、まずはノートブックを閉じます。いきなり終了できないこともないのですが、コードの保存をより確実に行うなどの理由から、ノートブックを閉じてから終了した方が安心でしょう。

ノートブックを閉じる操作は、ノートブックの画面上部にあるメニューバーの［File］→［Close and Halt］で行います。では、実際に体験してみましょう。お手元のノートブック（名前は「Untitled」）の［File］→［Close and Halt］をクリックしてください。

## ノートブックはこの方法で閉じる

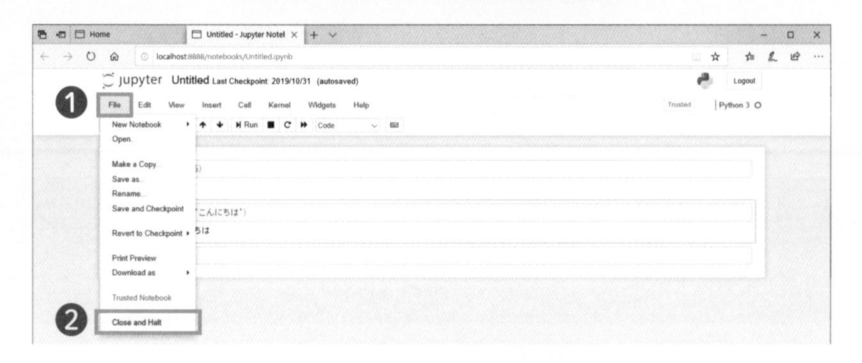


すると、ノートブックのタブが閉じます。画面はJupyter Notebookのホーム画面（タブのタイトルは「Home Page」）に切り替わります。

ノートブックを閉じたら、Jupyter Notebook本体を終了します。終了はホーム画面の右上にある［Quit］ボタンで行います。では、クリックしてください。

## Jupyter Notebook本体は「Quit」で終了

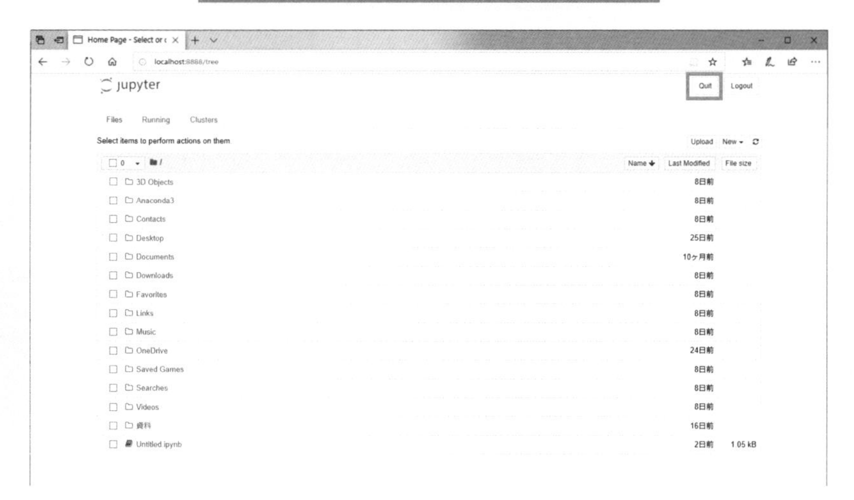

すると、次の画面のように、全体が半透明のグレーになり、メッセージが表示されます。

**［Quit］クリック後に表示されるメッセージ**

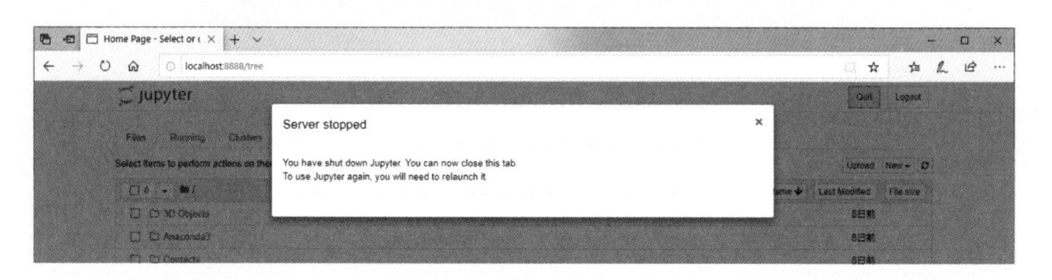


これはJupyter Notebook本体が無事終了できたことを示すメッセージです。終了した結果として、この画面が表示されると同時に、別ウィンドウで開かれていたコマンドプロンプトのような画面（タイトルは「Jupyter Notebook (Anaconda)」の黒い画面。Jupyter Notebook起動時に自動で開く。P73参照）が自動で閉じます。

続けて、メッセージ左上の［×］をクリックして、メッセージを閉じてください。ホーム画面は開いたままですが、終了できています。あとはホーム画面のタブ（「Home Page」タブ）を閉じてください。これでJupyter Notebookをすべて終了できました。

## 一覧からノートブックを選んで開く

次に、Jupyter Notebookを再び起動し、ノートブック「Untitled」を再び開きましょう。Chapter04-01で学んだとおり、［スタート］メニューのプログラム一覧から、［Anaconda3 (64-bit)］→［Jupyter Notebook (Anaconda3)］をクリックしてください。

すると、Edgeが開き（コマンドプロンプトのような画面も同時に開きます）、Jupyter Notebookのホーム画面が表示されます。ホーム画面の一覧を見ると、「Untitled.ipynb」があります。これが前節まで使ってきたノートブック「Untitled」です。では、一覧の「Untitled.ipynb」をクリックしてください。

**一覧の「Untitled.ipynb」をクリック**

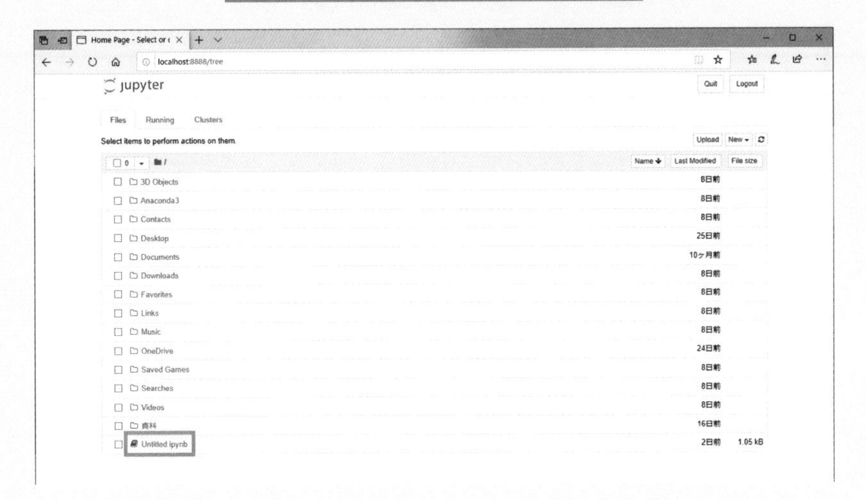


すると、ノートブック「Untitled」が新規タブで開きます。

**「Untitled」が再び開いた**

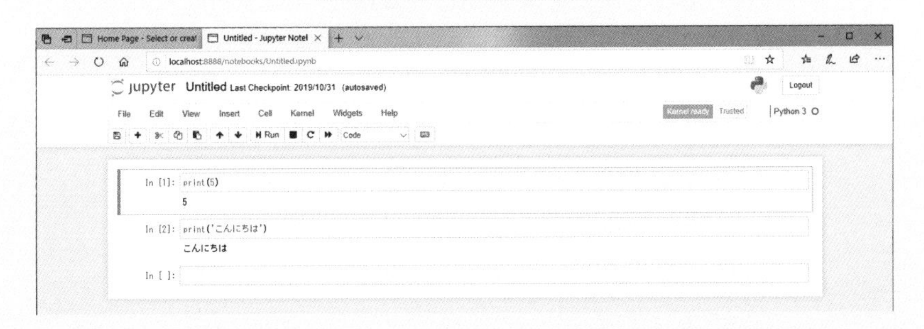


　このようにノートブックを一度作成すれば、次回以降はホーム画面の一覧から選ぶことで再び開き、プログラミングの続きが行えます。また、本書では行いませんが、複数のノートブックを作成し、適宜切り替えつつプログラミングを行うことも可能です。

Chapter 04

# 「カレントディレクトリ」を確認しよう

## 「カレントディレクトリ」って何？

本節では、Jupyter Notebookのノートブックが作成される場所、およびホーム画面に登場した一覧について詳しく解説します。サンプル1にも大きくかかわってくる内容なので、しっかりと把握しましょう。

Chapter04-01で触れたように、Jupyter Notebookはノートブックを作成すると、拡張子「.ipynb」のファイルとして保存されるのでした（P75）。実際に保存される場所は専門用語で「カレントディレクトリ」と呼ばれます。「ディレクトリ」とはフォルダーと同じ意味ととらえてください。「カレント」とは「現在の」や「作業中の」のような意味ととらえればOKです。

そして、カレントディレクトリはノートブックが保存されるフォルダーであると同時に、“作業の場”となるフォルダーでもあります。ここで言う“作業の場”とは、Chapter06以降で具体例を紹介しますが、たとえばファイルやフォルダーを開くなどのコードを書いた場合、その処理が行われる場所のフォルダーになります。言い換えると、操作対象のファイルやフォルダーは原則、カレントディレクトリに置くことになります。

**カレントディレクトリの概要**

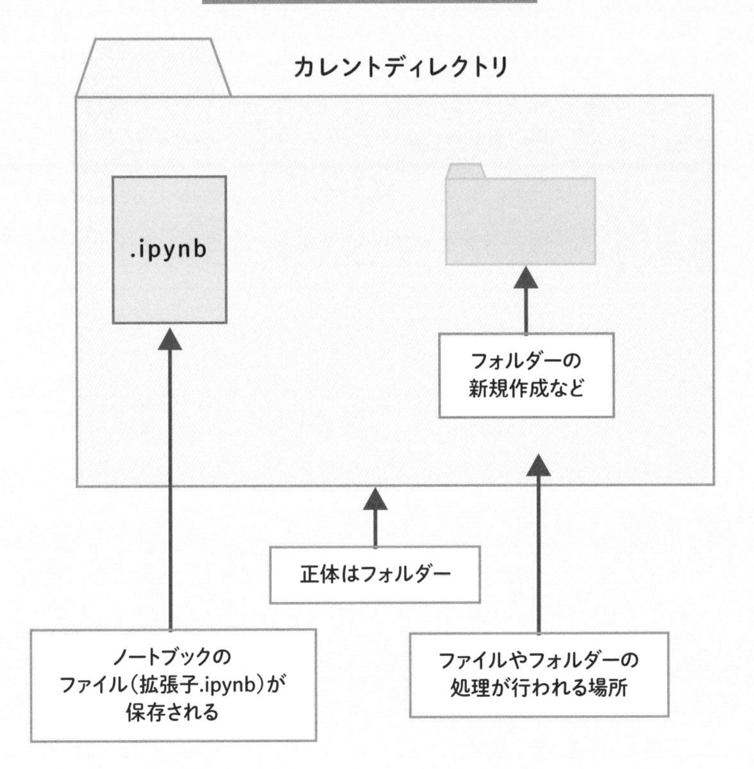


もちろん、カレントディレクトリ以外の場所にあるファイルやフォルダーを操作することも可能です。カレントディレクトリはあくまでも処理が行われる標準の場所という位置づけです。詳しくはChapter06の章末コラムで改めて解説します。本書の学習においては、「カレントディレクトリにあるファイルやフォルダーが操作対象になる」という認識で構いません。

なお、カレントディレクトリは他に「作業ディレクトリ」や「ワーキングディレクトリ」、「ホームディレクトリ」などの呼び方もありますが、本書ではカレントディレクトリに統一するとします。

## カレントディレクトリを開いてみよう

それでは、カレントディレクトリは具体的にはどのフォルダーなのか、実際に開いてみましょう。カレントディレクトリは具体的には以下のフォルダーになります。

Cドライブの「ユーザー」フォルダー以下にある“ユーザー名”フォルダー

カレントディレクトリのある場所は、Cドライブの「ユーザー」フォルダーの中です。そして、カレントディレクトリ自体は名前を“ユーザー名”とするフォルダーになります。ここで言う“ユーザー名”とは、パソコン購入直後など初めてWindows 10を起動した際に、ユーザーに応じて付けられる名前です。

そのため、ユーザー名は人によって異なります。筆者の環境では「tatey」になります。では、ご自分のユーザー名を確認する意味も含め、お手元のパソコンにて、実際にユーザー名フォルダーを開いてみましょう。デスクトップのタスクバーの［エクスプローラー］をクリックするなどして、エクスプローラーを開いてください。

**タスクバーからエクスプローラーを開く**

エクスプローラーを開いたら、画面左上のナビゲーションウィンドウの一覧にある［Windows (C:)］をクリックしてください。［Windows (C:)］は一覧下の方にあり、最初は見えないので、スクロールして表示してください。

## エクスプローラーでCドライブを開く

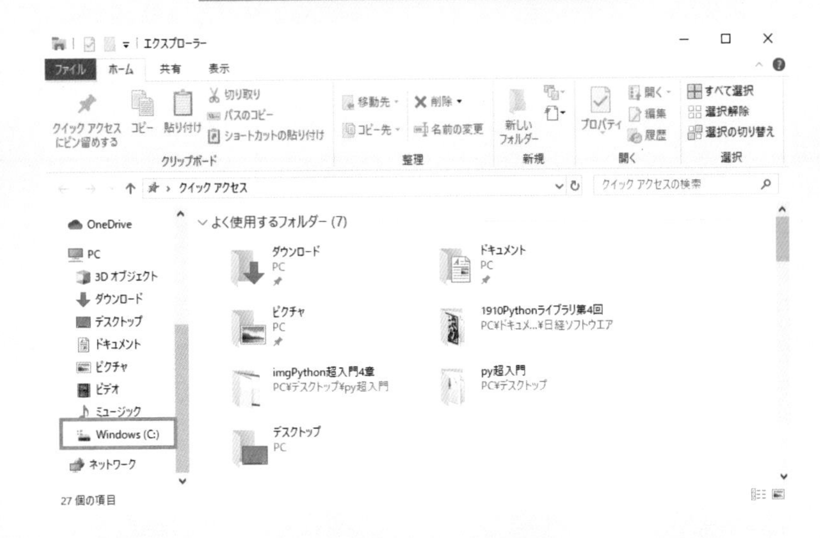


「Windows (C:)」が開きます（正体はCドライブです）。「ユーザー」フォルダーをダブルクリックしてください。

## 「ユーザー」フォルダーをダブルクリック

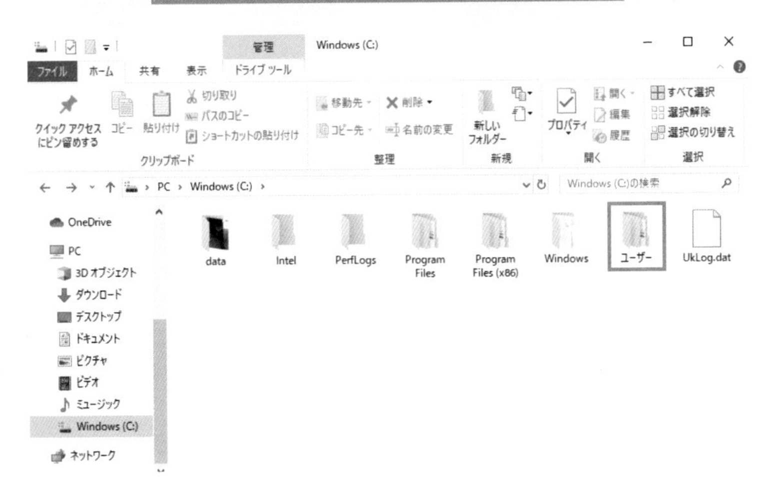

「ユーザー」フォルダーが開きます。その中にあるフォルダーで、ユーザー名のものをダブルクリックしてください。筆者の環境では、「ユーザー」フォルダーの中身は以下の画面のとおりであり、ユーザー名は「tatey」になります。

**ユーザー名のフォルダーをクリック**

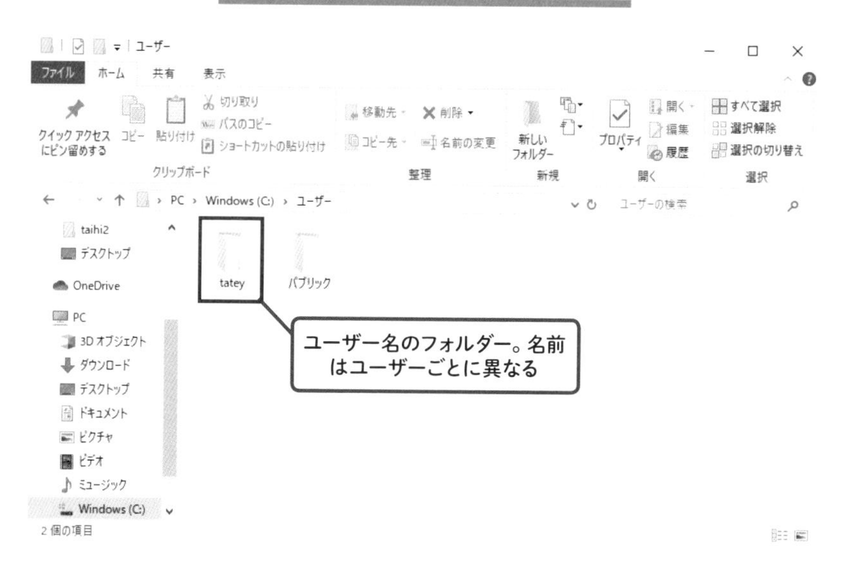


繰り返しになりますが、上記画面の「tatey」フォルダーはあくまでも筆者のユーザー名です。ご自分のユーザー名のフォルダーをダブルクリックしてください。どうしても自分のユーザー名がわからない方は、本節末コラムの方法で確認してください。

ユーザー名のフォルダーをダブルクリックすると、以下の画面のように開き、中身が表示されます（下記画面では、拡張子を表示しています。表示するには、エクスプローラーの［表示］タブの［ファイル名拡張子］にチェックを入れてください）。

## ユーザー名のフォルダーの中身の例

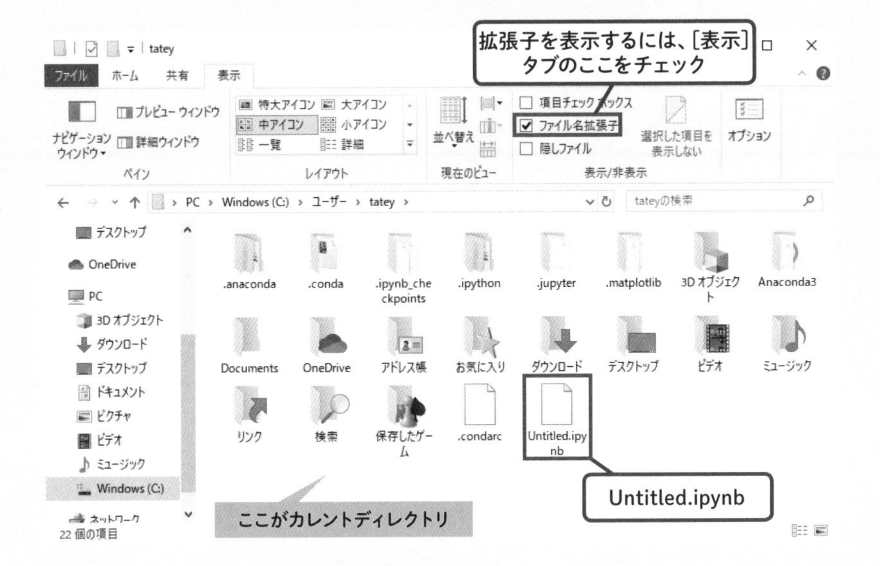


　このフォルダーがユーザー名フォルダーになります。さまざまなフォルダーやファイルが含まれますが、そのひとつにJupyter Notebookのノートブックのファイル「Untitled.ipynb」があるのが確認できるでしょう。このようにノートブック「Untitled」の本体となるファイルは、このユーザー名フォルダーに保存されるのです。

　このユーザー名フォルダーこそがカレントディレクトリになります。本節冒頭で述べたように、ノートブックのファイル（拡張子「.ipynb」）が保存されるフォルダーになります。

　加えて、Jupyter Notebookのホーム画面に表示される一覧を改めて眺めてみると、一覧の内容がカレントディレクトリ（＝ユーザー名フォルダー）の中身と同じであることが確認できます。

## ホーム画面の一覧はカレントディレクトリの中身と同じ

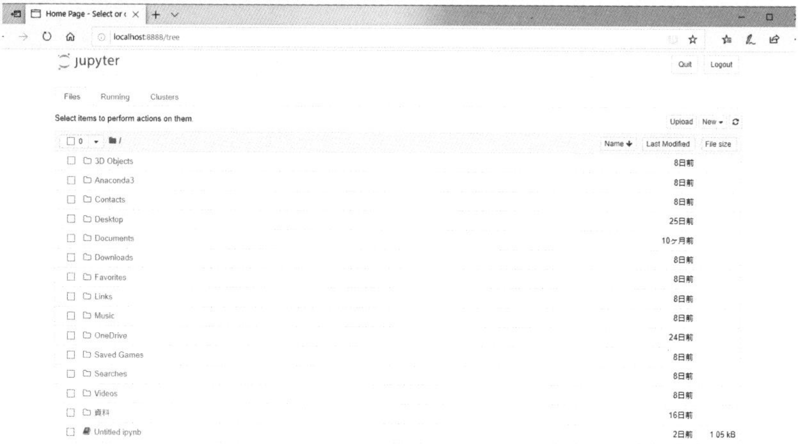

このようにJupyter Notebookのホーム画面では、エクスプローラー的にカレントディレクトリの中身が表示され、Jupyter Notebookのノートブックのファイルをそこから開くことができます。

そして、同じく本節冒頭で述べたように、カレントディレクトリは"作業の場"でもあるのでした。Pythonでファイルやフォルダーの操作を行う場となるフォルダーです。実際にどのようなコードを書くことになるのか、カレントディレクトリ上ではどのような結果が得られるのかなど、その具体例はChapter06以降で順に解説します。

もちろん、カレントディレクトリ以外の場所でも、ファイルやフォルダーの操作は可能なのですが、カレントディレクトリはいわゆる標準の場所になります。標準の場所だと、ファイルやフォルダーを操作するコードを書く際に少々便利です。その理由や具体例もChapter06以降で順に紹介します。

## カレントディレクトリを確認する方法

自分のユーザー名がどうしてもわからず、「ユーザー」フォルダーを開いても、その中のどのフォルダーがカレントディレクトリ（自分のユーザー名のフォルダー）なのかがわからなければ、次の方法でユーザー名を確認できます。

Edgeに切り替え、Jupyter Notebookのノートブックの空のセル（通常は一番下にあるセル）に以下のコードを入力してください。

```
import os

print(os.getcwd())
```

入力できたら、［Run］ボタンをクリックして実行してください。すると、実行結果として次の画面のような文字列が出力されます。

**上記コードの実行結果**

```
In [1]: import os

        print(os.getcwd())

        C:¥Users¥tatey
```

筆者の環境では、「C:¥Users¥tatey」という文字列が出力されました。この文字列はユーザー名フォルダーの場所を表しています。複数の語句が「¥」で区切られており、最後の語句（上記画面では「tatey」）がユーザー名フォルダーを表します。この語句がユーザー名フォルダーの名前であり、カレントディレクトリになります。その前の「C:¥Users」の部分は「Cドライブの『ユーザー』フォルダー」を意味します。

なお、このコードの「import os」の意味は次章で解説します。printのカッコ内にある「os.getcwd()」については、ユーザー名フォルダーの名前を取得するための命令文になります。

また、ユーザー名フォルダーのアドレスバーは通常、「PC > Windows (C:) > ユーザー > tatey」といった形式で場所が表示されますが（「tatey」の部分はご自分のユーザー名になります）、クリックすると表示が「C:¥Users¥tatey」の形式に切り替わります。この内容は先ほどのコードで出力された文字列と同じであることがわかります。

**アドレスバーの表示形式を切替**

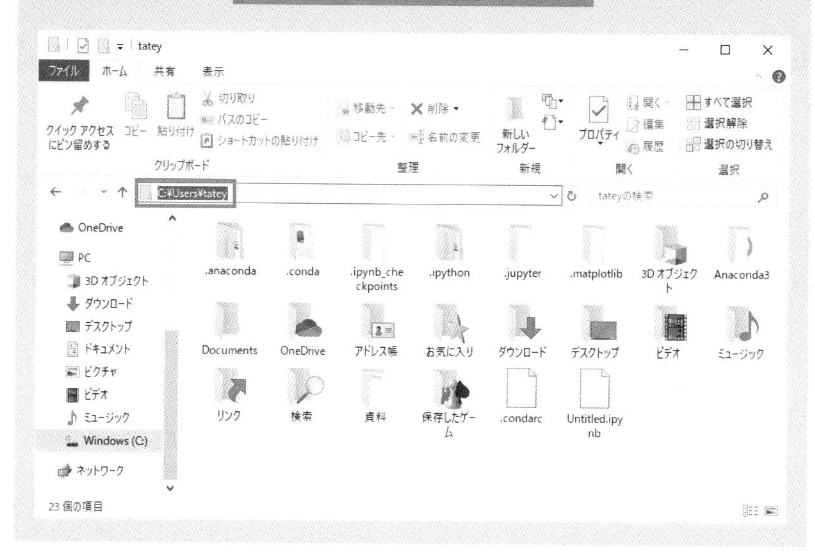

## ノートブックのタイトルを変えるには

ノートブックのタイトルを「Untitled」から変更する手順は以下になります。

1. ノートブックのタイトル部分にマウスポインターを重ねるとグレーになるので、そのままクリックしてください。

**タイトル部分をクリック**

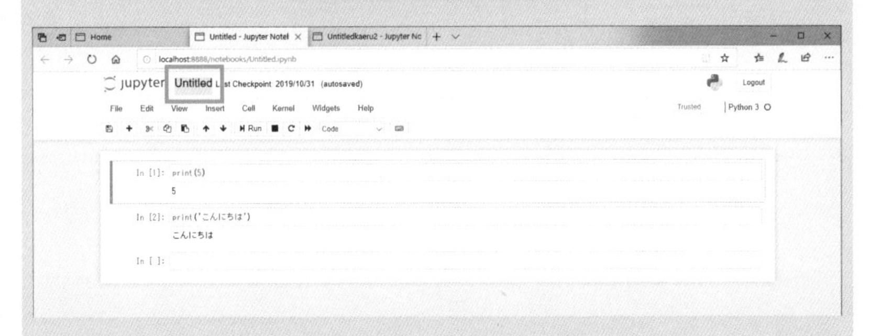


2. 「Rename Notebook」ダイアログボックスが表示されます。ボックス内に目的の名前を入力したら、［Rename］ボタンをクリックしてください。

**目的の名前に変更**

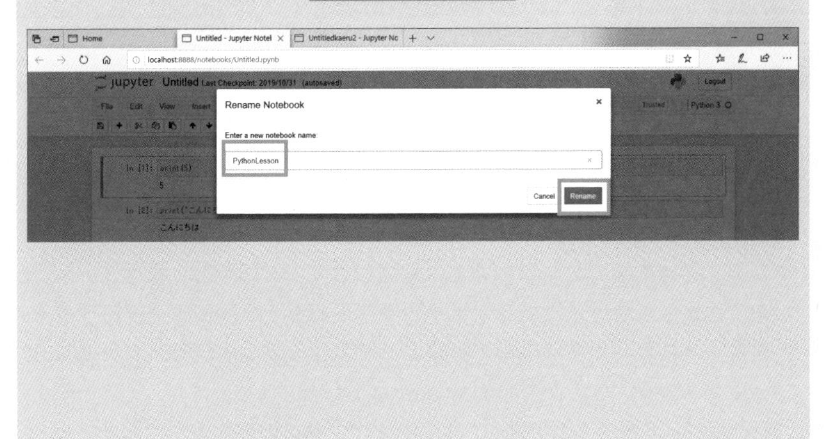

3. これでタイトルが変更されました。あわせて、タブ上のタイトルも変更されます。さらに.ipynbファイルの名前も変更されます。ホーム画面に切り替えたり、カレントディレクトリを開いたりすれば確認できます。

タイトルが変更された

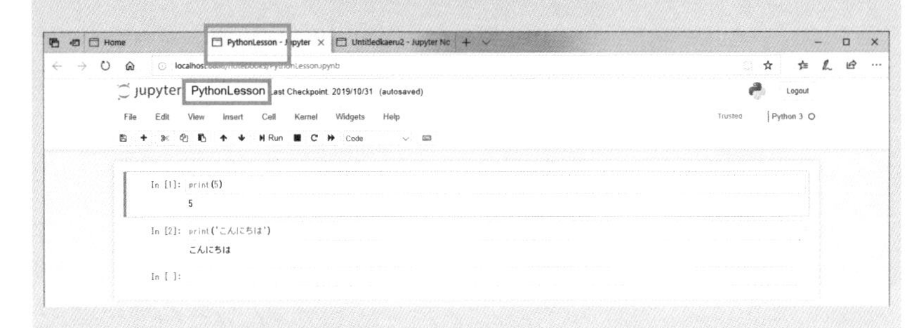

本書の以降の解説ではタイトルは変更せず、「Untitled」のままとします。もし変更しても、本書の以降の学習には問題なくそのまま使えます。

Column

## カレントディレクトリの場所は変更できる

少々ややこしい話ですが、カレントディレクトリはノートブックの.ipynbファイルがあるフォルダーから、別のフォルダーに変更することができます。あくまでもカレントディレクトリは初期設定として、ipynbファイルがあるフォルダーに設定されているだけです。

このことは本書での学習範囲では意識しなくても問題ありません。もし将来、さまざまな場所にあるファイルやフォルダーを操作するプログラムを書くことになったら、改めてカレントディレクトリを含め、ファイルやフォルダーの扱い方について詳しく調べなおしましょう。また、その一部をChapter06-06末コラムで紹介しているので、後ほど目を通しておくとよいでしょう。

# 命令文の“柱”となる「関数」

Chapter 05

# 「print」って実は「関数」の仲間

## 「関数」って何？

サンプル1の作成を始める前に本章にて、「関数」について学びましょう。サンプル1のコードをこれから書いていくのに不可欠な知識です。

Chapter04では、数値や文字列を出力（Jupyter Notebook上に表示）するために「print」という命令文を用いてきました。この「print」は「関数」と呼ばれる種類の命令文になります。

関数とは、あるまとまった処理を実行するための仕組みです。処理があらかじめ1つにまとめられているため、1つの命令文を記述するだけで、目的の処理を実行できるのが利点です。printは一般的には「print関数」と呼ばれ、「数値や文字を出力する」という処理の関数になります。実は単に数値や文字列を出力するだけといっても、コンピューターの内部ではいろいろな処理を行っており、複数のコードを実行しているのですが、それらがprint関数のコードを1行書くだけで済んでいるのです。

Pythonにはprint関数以外にも、多彩な関数がたくさん用意されています。関数を適材適所でうまく使うことがコードを効率よく書く際のポイントのひとつになります。

## 関数を使うメリットと関数のイメージ

関数を使わないと・・・

コードを
たくさん
書かなきゃ

関数を使えば1行のコードで済む！

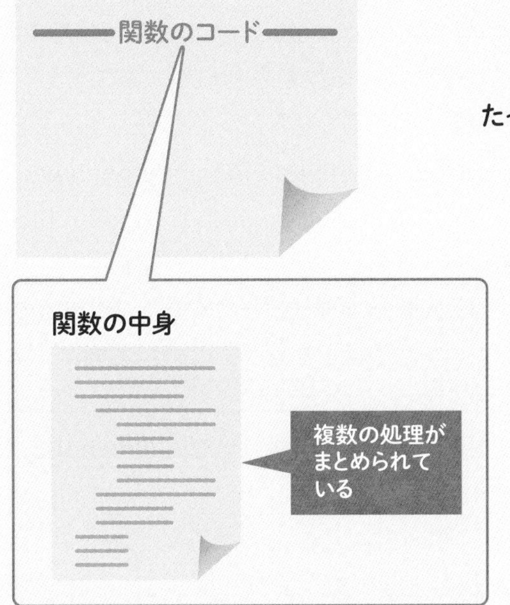


たった1行でOK!

Chapter 05

# 関数の書式と「引数」の使い方

## 「引数」って何?

関数は基本的に右図の書式1に従ってコードを記述します。関数名に続けて半角カッコを記述し、その中に「引数」(「ひきすう」と読みます)を指定します。print関数の場合、書式はChapter04-03で学んだとおり「print(値)」でした。関数の書式に当てはめると、関数名が「print」、引数が「値」となります。

引数とは、関数の処理の内容を細かく設定するための仕組みです。指定する引数によって、関数の実行結果を自由に変えることが可能となります。print関数の場合、処理の内容は「値を出力する」であり、「どのような値を出力するのか」という細かい設定を引数として指定することになります。言い換えると、出力する内容を引数によって変えられるのです。

また、関数によっては引数が複数あります。その場合右図の書式2のように、「,」(半角のカンマ)で区切って並べて記述します。

引数がいくつあるのか、どのような引数がどう並ぶのかは関数の種類によります。また、引数の中には省略可能なものもあります。これらの具体例は追って解説します。

どのような関数があり、それぞれどのような引数があるのかは、無理しておぼえようとすると挫折してしまうでしょう。その都度本やWebなどで調べれば全く問題ありません。

関数の引数

## 関数の引数の仕組み

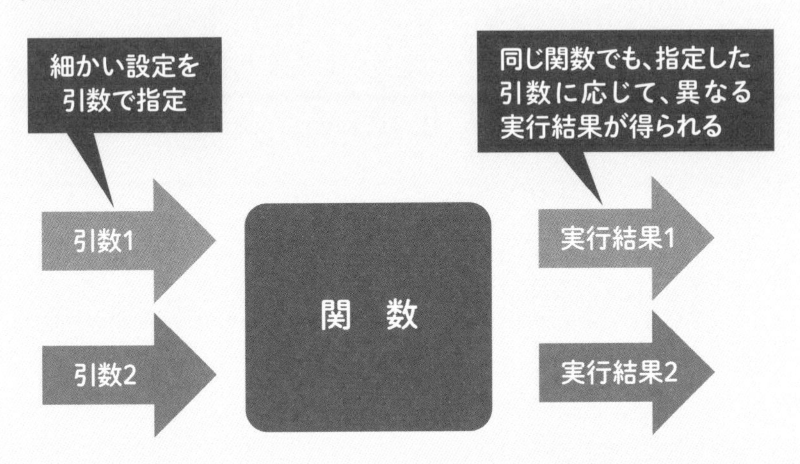


## 関数の引数の書式

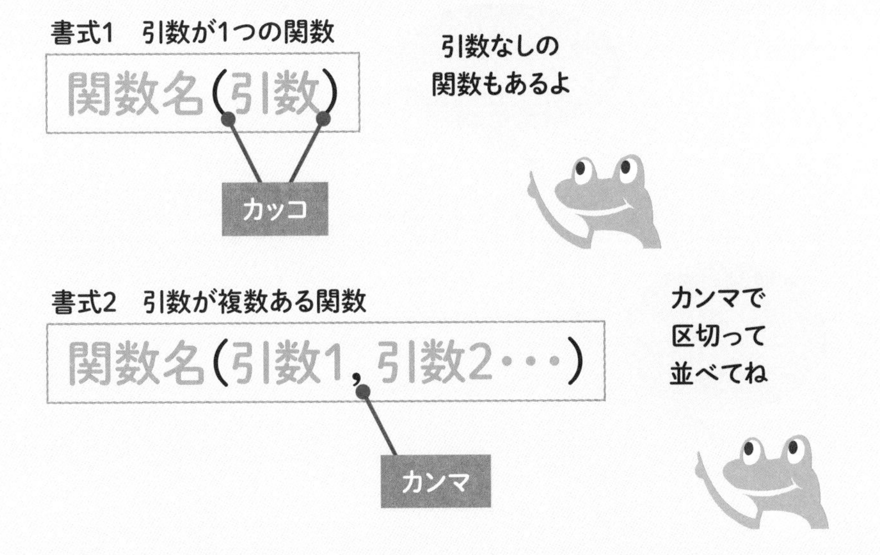

Chapter 05

# 関数の「戻り値」も知っておこう

## 関数の実行結果の値を得られる仕組み

関数には引数とあわせて、「戻り値」という仕組みもあります。戻り値とは、関数の実行結果の値を返す仕組みです。得られた戻り値は以降の処理に用います。

たとえば、文字列の長さを求める「len」という関数があります。この関数では、引数に指定した文字列の長さが戻り値として得られます。そして、その長さを以降の処理に用います。他にも、複数の数値から最大値を求める関数など、処理結果が戻り値として得られる関数はたくさんあります。

戻り値の具体例はChapter06-08で紹介しますので、ここでは「そんな仕組みもあるんだなぁ」とザックリ認識するだけでOKです。

また、戻り値がない関数もたくさんあります。戻り値があるかないかは関数の種類によります。そして、戻り値があるなら、どのような値が返されるのかも関数の種類によります。

## 関数の戻り値

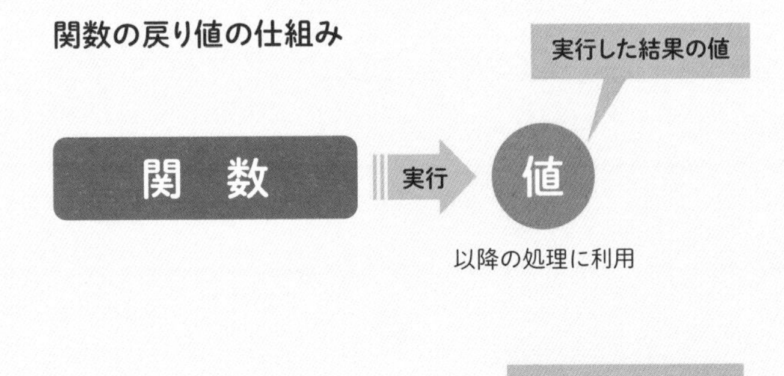


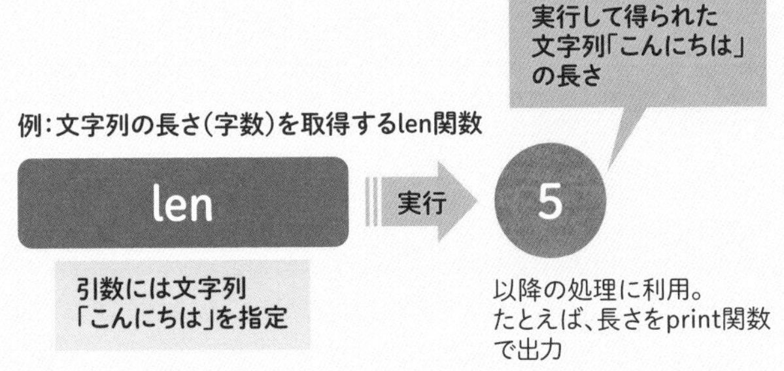

### 関数と引数と戻り値はExcelにも登場している

関数や引数、戻り値は一見難しい仕組みに思えるかもしれませんが、実はExcelユーザーなら大抵はすでに使っているでしょう。たとえば合計を求める「SUM」という関数です。使う際は「=SUM(A1:A10)」のような数式を記述します。SUM関数はカッコ内に合計したいセル範囲を指定すると、合計が求められる関数です。このカッコ内に指定する仕組みはまさに引数です。そして、求められた合計が得られます。その合計の値は「=」を使うことでセルに表示したり、別の数式に指定したりするなど、以降の処理に用います。この合計の値こそがまさに戻り値です。

このように関数や引数や戻り値は、Excelで普段から使っている仕組みなのです。また、これらはPythonのみならず、プログラミング言語全般に登場する普遍的な仕組みです。

Chapter 05

# 「ライブラリ」の関数ならもっと便利で多彩

## 使うには必ず先に読み込む必要あり

Chapter01-05ではPythonの魅力として、プログラムの“部品”であるライブラリを紹介しました。ライブラリは関数のかたちで用意されています。ファイル／フォルダー操作や画像処理など、カテゴリごとに関数をまとめたものがライブラリになります。Pythonには便利なライブラリが豊富に揃っており、複雑な機能が関数ひとつでできてしまうので、どんどん活用しましょう。

これまで本書ではprint関数が登場しました。実はprint関数のような関数とライブラリの関数は使い方で大きな違いがあります。ライブラリの関数は使う前に「読み込む」ことが必要となります。読み込むためのコードを先に別途書かなければなりません（書き方は次節で解説します）。これはPythonのルールとして決められていることです。

一方、print関数のような関数は読み込む必要はなく、いきなり使うことができます。そのような関数のことは専門用語で「組み込み関数」と呼ばれます。どの関数がライブラリの関数なのか組み込み関数なのかは関数の種類によります。もちろん、細かい違いはおぼえる必要はなく、その都度調べるスタイルで全く問題ありません。

ライブラリの関数は先に読み込んで使う

組み込み関数

組み込み関数を実行

いきなり
使える

ライブラリの関数

ライブラリの読み込み

先に読み込む
必要あり

ライブラリの関数を実行

関数ごとに毎回
調べればいいよ

Chapter 05

# ライブラリの関数を使えるようにするには

## 「モジュール」を「import」文で読み込む

ライブラリの読み込みは「モジュール」と呼ばれる単位で行うよう決められています。ライブラリはファイル/フォルダー操作をはじめ、処理のジャンルに応じてさまざまな関数が揃っています。ライブラリをジャンルごとにまとめて扱えるようにした仕組みがモジュールです。

モジュールの読み込みは「import」という命令文で行います。以降、「import文」と呼びます。基本的な書式は以下です。

書式

```
import モジュール名
```

「import」と半角スペースに続けて、目的のライブラリのモジュール名を記述します。モジュール名はライブラリごとに決められています。これらもいちいちおぼえる必要はなく、その都度調べればOKです。

これで読み込むことができ、そのライブラリの各種関数が使えるようになります。その際、関数名は基本的に以下の書式で記述します。

書式

モジュール名.関数名

　モジュール名のあとに「.」(ピリオド)を挟み、目的の関数名を記述します。そのあとにカッコと引数を続けて、「モジュール名.関数名(引数)」のかたちで記述します。print関数のような組み込み関数は「モジュール名.」の部分が不要なのが大きな違いです。

　なお、ライブラリとモジュールの違いですが、厳密には異なるのですが、実用上は同じものとして捉えても全く問題ありません。とにかく初心者の間は用語の厳密な意味にあまりこだわらず、どんどんコードを書いて実行しましょう！

**ライブラリの読み込み方と関数名**

**モジュール読み込みの書式**

import モジュール名

ライブラリごとに
決められている
モジュール名を書いてね

**ライブラリの関数名の書式**

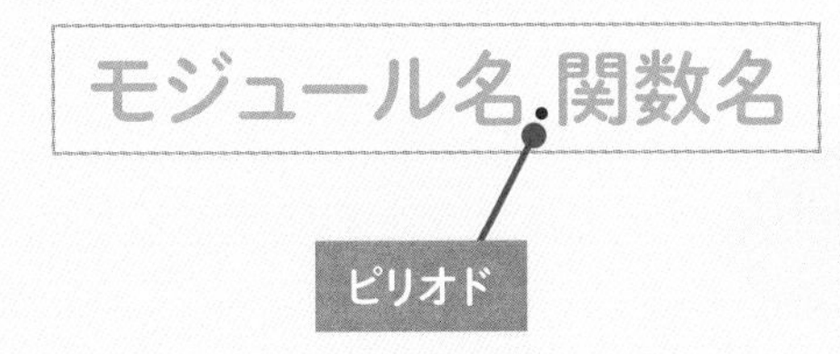


ピリオドを
忘れないでね

Chapter 05

# ライブラリの関数を体験しよう

## フォルダーを新たに作成する

ライブラリの関数の基礎を学んだところで、さっそく体験してみましょう。ここではフォルダーを作成するライブラリの関数のコードを記述し、動作確認してみます。

ここでは体験として、「test」という名前のフォルダーを作成するとします。作成先はカレントディレクトリとします。カレントディレクトリとはChapter04-10で解説したように、ファイル/フォルダー関係の処理が行われる場所のフォルダーでした。

まずはどのようなコードを書けばよいかを解説します。そのあとで実際にJupyter Notebookにコードを入力して実行します。

Pythonでフォルダーを作成するには、専用のライブラリの関数を使います。関数名は「makedirs」です。このmakedirs関数は「os」というライブラリに含まれます。ファイルやフォルダーの作成やコピーなど、OS関連のライブラリになります。

モジュール名はそのまま「os」です。すべて小文字で記述します。従って、osモジュールを読み込むコードは、前節で学んだimport文の書式に従い、「import」と半角スペースに続けて、モジュール名「os」を記述します。

```
import os
```

　そして、このosモジュールのmakedirs関数は、関数名はモジュール名「os」に続けて「.」を挟み、「os.makedirs」と書くことになります。本書では以降、ライブラリの関数名は「os.makedirs」のように、「モジュール名.関数名」のかたちで表記するとします。
　os.makedirs関数の基本的な書式は以下です。

書式

```
os.makedirs(フォルダー名)
```

　引数には、作成したいフォルダー名を文字列として記述します。文字列なのでChapter04-04で学んだように、「'」で囲って書きます。これで、指定した名前のフォルダーがカレントディレクトリに新規作成されます。
　今回の体験では、カレントディレクトリに「test」フォルダーを作成したいのでした。そのためには、引数には目的のフォルダー名「test」を文字列として指定すればよいことになります。文字列なので「'」で囲って以下のように記述することになります。

```
os.makedirs('test')
```

　これで、osモジュールを読み込むコード、およびos.makedirs関数によってフォルダー「test」をカレントディレクトリに作成するコードをどう書けばよいのかがわかりました。

## コードを入力して実行してみよう

それでは、ここまでに考えたコードをJupyter Notebookに入力しましょう。お手元のノートブック「Untitled」の一番下にある空のセルの中に、以下のコードを入力してください。その際、カッコや「'」はprint関数入力時と同様に補完されます。また、「import」の部分はJupyter Notebookの機能によって、自動的に緑の太文字で表示されます。

```
import os

os.makedirs('test')
```

```
In [ ]: import os

        os.makedirs('test')
```

import文とos.makedirs関数のコードの間には、空の行を入れています。空の行はなくてもよいのですが、コードをより見やすくするために入れました。Pythonでは慣例的に、import文とそれ以降のコードの間には区切りの意味で空の行を入れます。本書でもその慣例に従うとします。

少々乱暴な言い方ですが、import文はあくまでも“下準備”的な処理であり、“本番”的な処理は以降の関数を実行するコードと言えます。それらの性質が異なるコードの区別をつきやすくするよう、空の行を入れるのです。今回はimport文が1つなのであまり効果が実感できませんが、もし読み込むモジュールが増えてimport文の数が増えた場合に、コードの読みやすさがよりアップします。

入力できたら、［Run］ボタンをクリックするなどして実行してください。カレントディレクトリを見ると（開き方はChapter04-10 P106参照）、「test」フォルダーが新たに作成されていることが確認できます。

「test」フォルダーが作成された

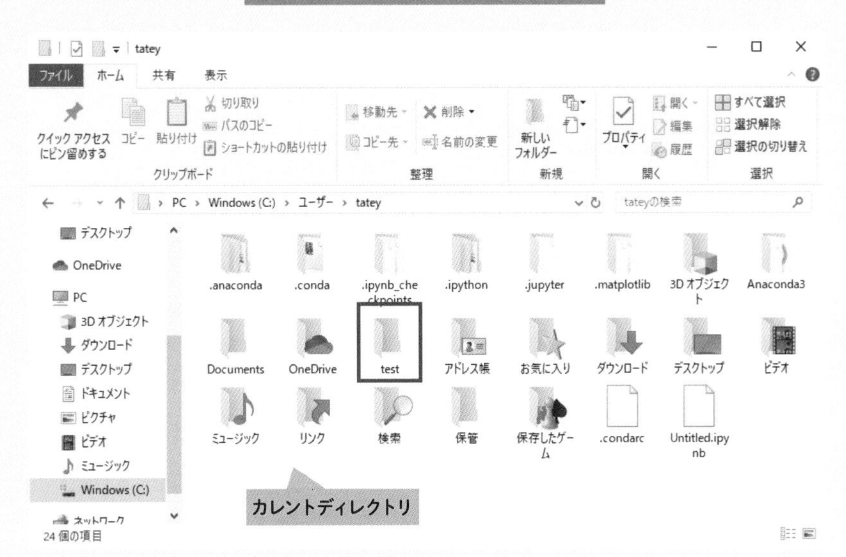


もし、実行してエラーになってしまったら、カッコや「'」のペアが欠けていないか、スペルが誤っていないか、全角で入力していないか、余計なスペースが紛れ込んでいないかを確認しましょう。

また、もし次の画面のようなエラーメッセージが表示されたら、何かしらの理由で実行する前に、カレントディレクトリに「test」フォルダーが既に存在することによるエラーです。エラーメッセージに書かれているように、既に存在する同名のフォルダーを作ろうとするのでエラーとなったのです。

## 同名フォルダーが既に存在するエラーメッセージ

```
In [1]: import os

        os.makedirs('test')

---------------------------------------------------------------------------
FileExistsError                           Traceback (most recent call last)
<ipython-input-1-81c7437fc502> in <module>
      1 import os
      2
----> 3 os.makedirs('test')

~¥Anaconda3¥lib¥os.py in makedirs(name, mode, exist_ok)
    219             return
    220     try:
--> 221         mkdir(name, mode)
    222     except OSError:
    223         # Cannot rely on checking for EEXIST, since the operating system

FileExistsError: [WinError 183] 既に存在するファイルを作成することはできません。: 'test'
```

このエラーは上記コードを2回目以降実行しても起こる可能性があります。それを避けるため、動作確認後は「test」フォルダーを削除しておくとよいでしょう。

## 「test」フォルダーを削除

## 実行結果がセルに表示されない関数もある

さて、print関数は実行すると、Jupyter Notebookでコードを入力したセルのすぐ下に、実行結果が表示されました。本節でos.makedirs関数を実行したあとのセルを見ると、何も表示されていません。空のセルが新たに追加されただけです。

**関数実行後、セルには何も表示されない**

```
In [1]: print(5)
        5

In [2]: print('こんにちは')
        こんにちは

In [1]: import os

        os.makedirs('test')

In [ ]: |
```

os.makedirs関数は、実行結果はカレントディレクトリのフォルダー上に反映されるだけで、Jupyter Notebookのセル上には何も表示されません。関数の中には、このように実行してもセル上に何も表示されない関数が多数あります。

一方、print関数以外にも、使った関数および書いたコードによっては表示されるケースもあります。その基準の解説は割愛しますが、本節の時点ではとにかく「表示される関数もされない関数もある」さえ把握できていればOKです。このことはChapter06-09にて、実例を提示しつつ改めて解説します。

## 補完機能でラクラク入力！

本節にて体験のコードを入力する際はカッコや「'」が補完されましたが、実は他の箇所でもJupyter Notebookが補完してくれます。それでは、先ほどと全く同じコードを今度は補完機能を駆使して入力することを体験してみましょう。入力先は先ほどの実行によって追加された空のセルとします。

まずはimport文からです。「im」まで入力したら、Tabキーを押してください。

**「im」まで入力しTabキーを押す**

```
In [1]: import os

        os.makedirs('test')

In [ ]: im
```

すると、「import」の以降の文字が自動で補完されて入力されます。

**以降の「port」が自動入力された！**

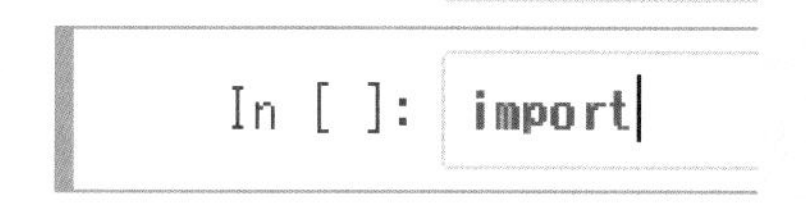


続けて、半角スペースと「os」を入力します。半角スペースは残念ながら自動で補完されないので手入力してください。

次に「o」の1文字を入力したら、Tabキーを押してください。すると、「o」から始まる語句のリストがポップアップで表示されます。

**候補のリストが表示された**

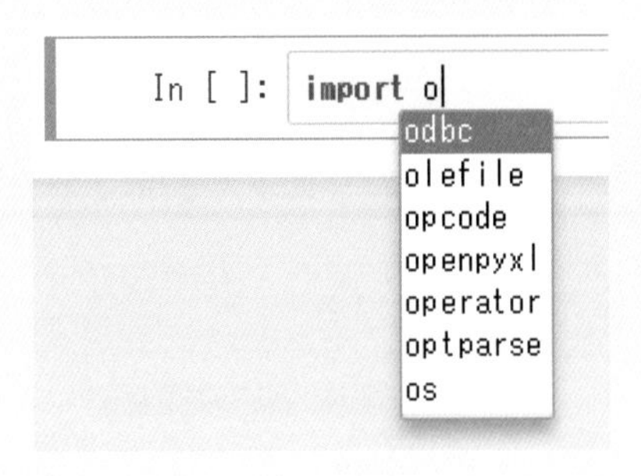


このリスト上にて、目的の語句である「os」をクリックしてください。すると、「os」と入力されます。

**クリックで入力された**

```
In [ ]: import os
```

今入力した「os」は2文字しかないので、補完機能のありがたみがほとんど感じられませんが、スペルが長い語句なら大幅にありがたみが増すでしょう。

また、最初に入力した「import」でも、「i」のみ入力した状態で Tab キーを押すと、「i」から始まる語句のリストが表示されます。「im」まで入力すると、それで始まる語句は「import」しかないので、Tab キーを押した時点でリストは表示されず、すぐさま入力されます。

次は関数名の「os.makedirs」を入力します。まずは「os.」のようにモジュール名とピリオドまで入力してください。「os」の部分はすべて手入力で構いません。

この状態で[Tab]キーを押してください。すると、「os.」以降に入力可能な語句のリストが表示されます。この中に関数名も含まれます。

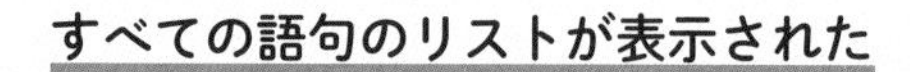

### すべての語句のリストが表示された

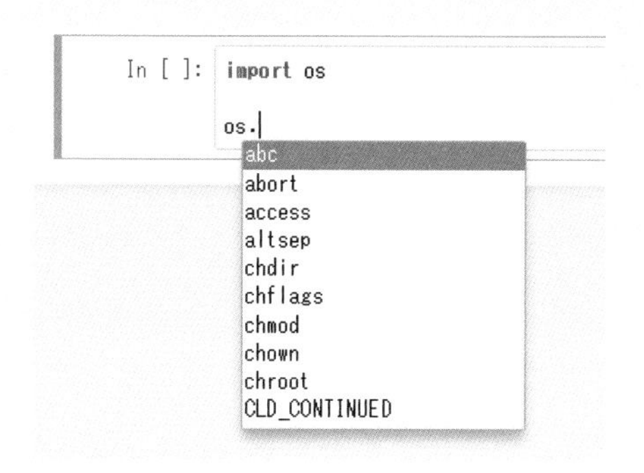


このリストは項目数が多いため、リストにすべて表示しきれません。目的の関数名である項目「makedirs」を表示するには、[PageUp]キーと[PageDown]キー（キーボードやノートPCの機種によっては[PgUp][PgDn]と表記）、またはマウスホイールでスクロールしてください。項目「makedirs」を表示できたらクリックしてください。

### 「makedirs」を表示してクリック

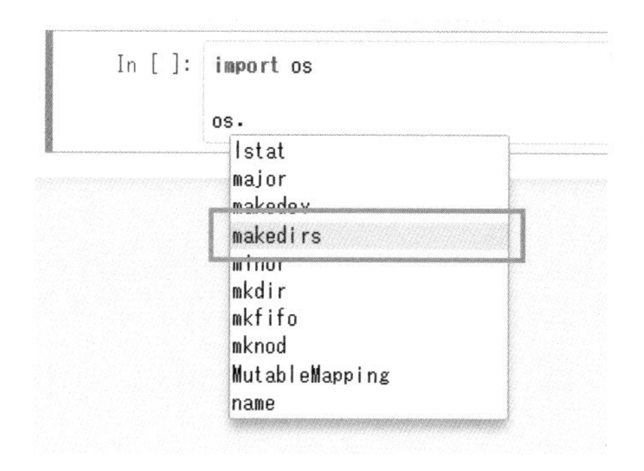

これで、「os.」の後ろに「makedirs」が自動で入力されます。

**関数名を一発で入力できた**

スクロールが面倒なら、リストが表示されている状態で、「os.」に続けて、目的の関数名の最初の1文字である「m」を入力すると、「m」で始まる語句にリストの項目が絞られます。

**「m」で始まる項目に絞られた**

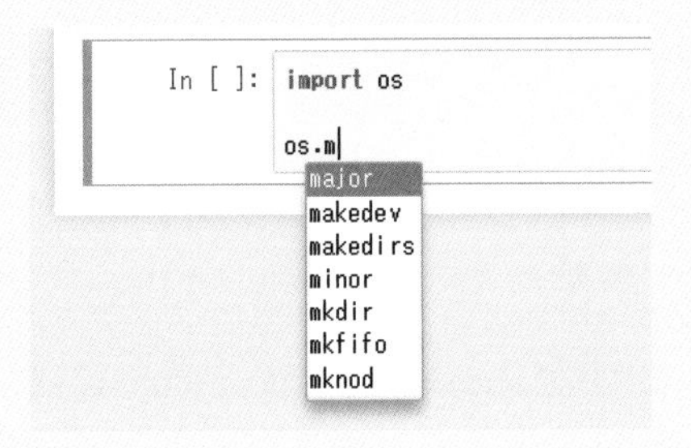


実用的にはこの方法がよいでしょう。「makedirs」まで入力できたら、あとはカッコ以降の「('test')」を入力していきます。

いかがでしたか？　入力補完機能によってコード入力の手間と時間が大幅に減らせることが実感できたのではないでしょうか？　そして何よりも、補完によってスペルミスを防げるのも大きなメリットです。

さらに言えば、組み込み関数でも入力が補完されます。たとえば、print関数の関数名の部分なら、たとえば「pr」まで入力した時点で Tab を押すと、リストの候補が表示されるので、「print」をクリックすれば入力できます。

ただし、注意が必要なのが、ライブラリの関数名の場合、import文が記述されていないと、補完機能が使えないことです。import文なしだと、「モジュール名.」まで入力して Tab キーを押しても、リストそのものが表示されません。

また、リストのスクロールは本来は上下矢印キーの ↑ ↓ でも行えるのですが、残念ながらEdgeにおいては本書執筆時点では対応しておらず行えません。Google製WebブラウザーのChromeなら、上下矢印キーでもスクロールできます。

## コードが2つに増えたらインデントに注意

実は命令文のコードが1つだけなら、書き始める場所はインデントしても構いません。しかし、コードが2行以上になると、インデントを入れるとエラーになってしまいます。

### 不要なインデントによるエラー例

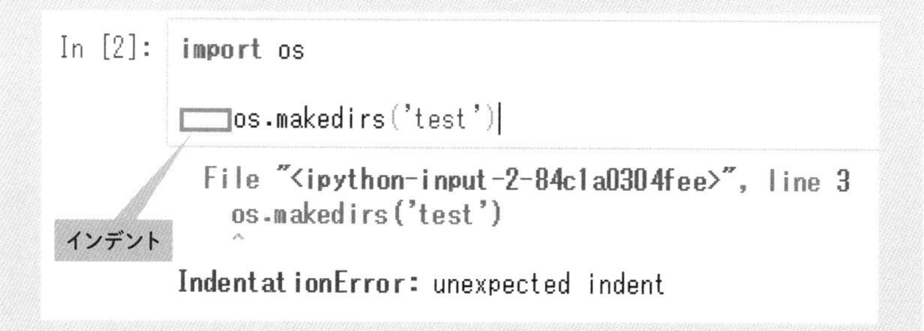


Pythonではインデントはコードを記述する際の大きなポイントになります。概要はChapter10-06で簡単に紹介します。詳しくは本書の続編『図解！ Pythonのツボとコツがゼッタイにわかる本 プログラミング実践編』(仮)(2020年内発刊予定)で解説します。

# バックアップ自動化のサンプル1を作ろう

Chapter 06

# こんな自動化のプログラムをこれから作ろう

## 学習に用いる「サンプル1」の紹介

本章からChapter08にかけて、Pythonの学習に「サンプル1」を用います。機能はバックアップ作業の自動化です。バックアップ用フォルダーを作成し、対象のファイルをコピーしたのち、そのフォルダーを丸ごと圧縮します。その後、バックアップ用フォルダーを削除します。Chapter03で例に挙げたプログラムを少しだけ発展させた機能になります。

より具体的な機能や細かい仕様は図の通りです。これらをもし手作業で行ったら、それなりの時間と労力を要するのはもちろん、うっかりミスの恐れも常に付きまとうでしょう。それらをPythonで自動化することで、時間も労力もミスも最小化するのです。

サンプル1はChapter03-08でも触れたように、Pythonの必要最小限な基礎の基礎の習得に特化したゆえに、機能は極力シンプル化しています。たとえば、バックアップの対象ファイルは普通なら複数欲しいところですが、サンプル1ではたった1つのみに絞っています。将来的には、このサンプル1のコードを元に、対象ファイルを増やしていくよう発展させれば、複数ファイルのバックアップを自動化できるでしょう。

## 「サンプル１」の機能と仕様

### ◉バックアップ対象ファイル

・場所　カレントディレクトリの「プロジェクト」フォルダー
・名前　企画書.pptx

### ◉バックアップ先フォルダー

・場所　カレントディレクトリ
・名前　保管

### ◉バックアップ用フォルダー

・名前：「backupyyyymmdd」の形式
「backup」の後ろに、当日の日付から生成した
「yyyymmdd」（西暦4桁月2桁日2桁）を付けた形式。

例：2020年1月25日

backup20200125

「backup」　西暦4桁　月2桁　日2桁

一桁なので前に0を付ける

◎処理の内容（2020年1月25日と仮定。場所はカレントディレクトリ）

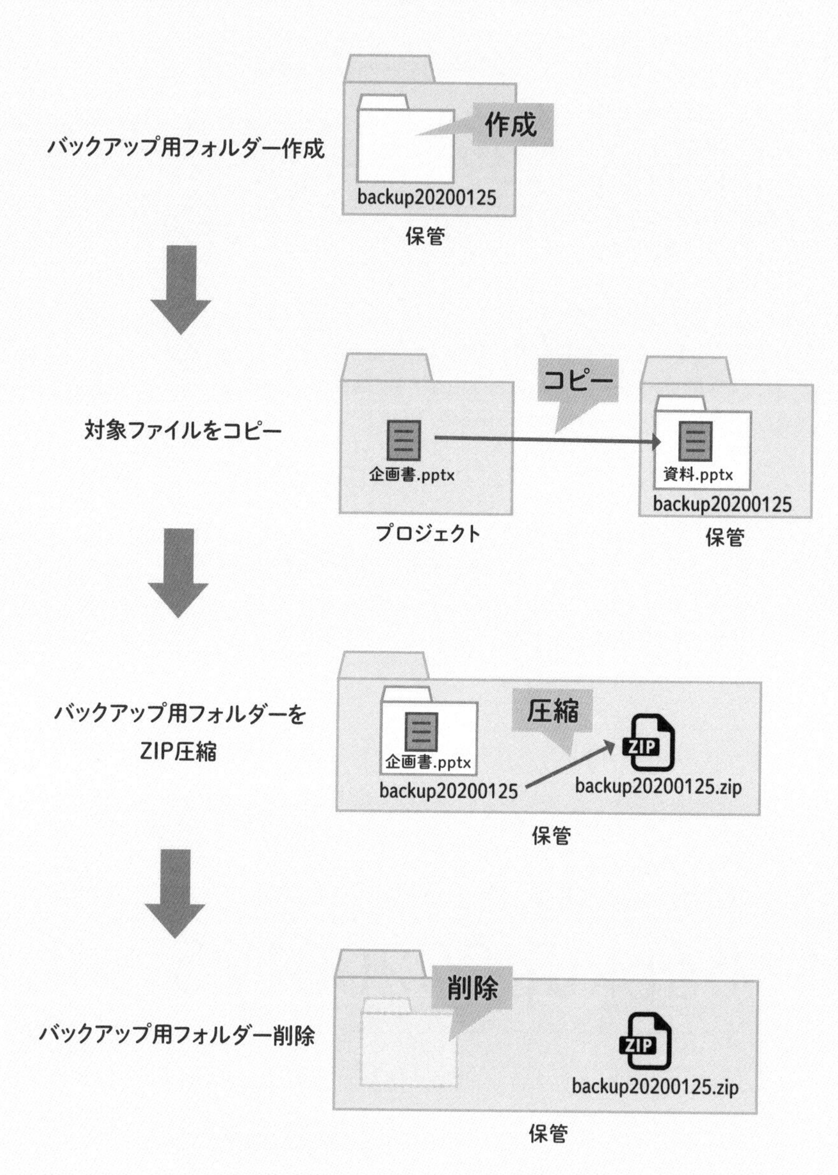

Chapter 06

# サンプル1を作る準備をしよう

## 必要なフォルダー２つをコピー

サンプル1のコードを書き始める前に準備として、バックアップ対象ファイルとバックアップ先フォルダーを用意しましょう。ともにカレントディレクトリ以下に用意するとします。では、カレントディレクトリを開いてください（場所などはChapter04-10参照）。

まずはバックアップ対象ファイルです。本書ダウンロードファイル（入手方法はP2参照）の「サンプル1」フォルダー以下の「素材」フォルダーに含まれる「プロジェクト」フォルダーを、そのままカレントディレクトリにコピーしてください。

**「プロジェクト」フォルダーをコピー**

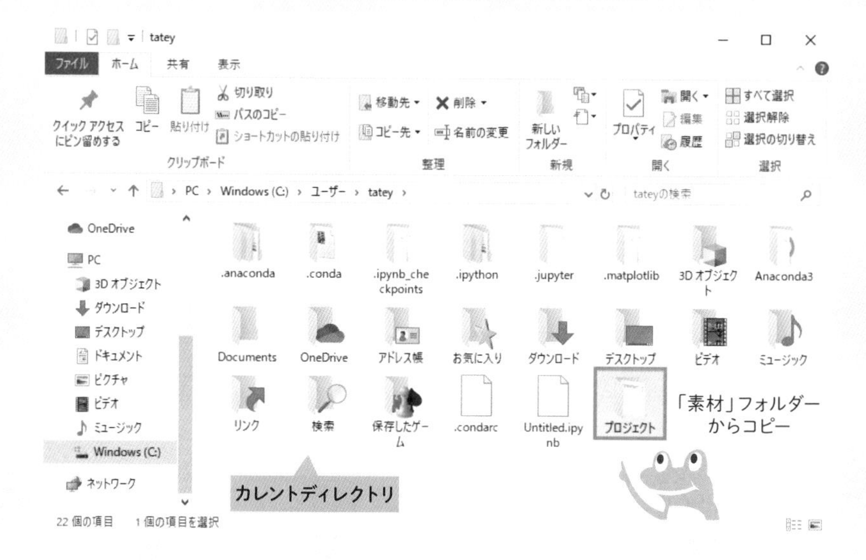


「プロジェクト」フォルダーを開くと、その中には実際のバックアップ対象ファイルである「企画書.pptx」が含まれています。

**「プロジェクト」フォルダーの中身**

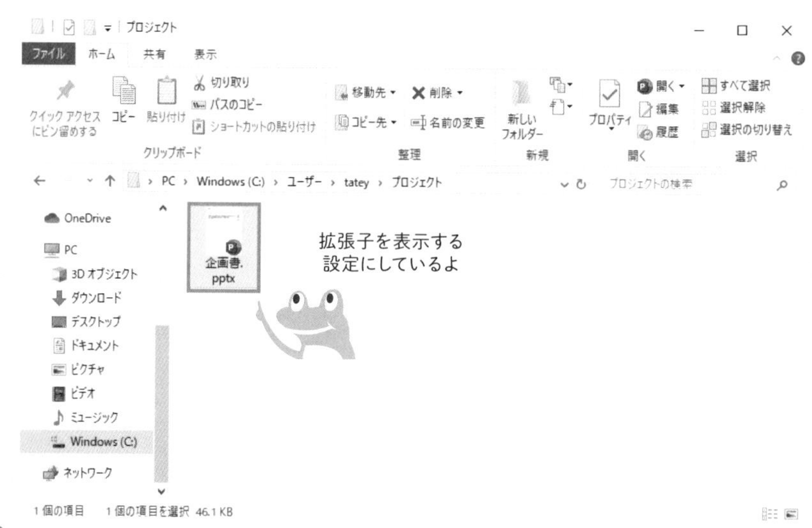

続けて、バックアップ先フォルダーを用意します。本書ダウンロードファイルの「素材」フォルダーに含まれる「保管」フォルダーを、そのままカレントディレクトリにコピーしてください。このフォルダーは空のフォルダーになります。

**「保管」フォルダーをコピー**

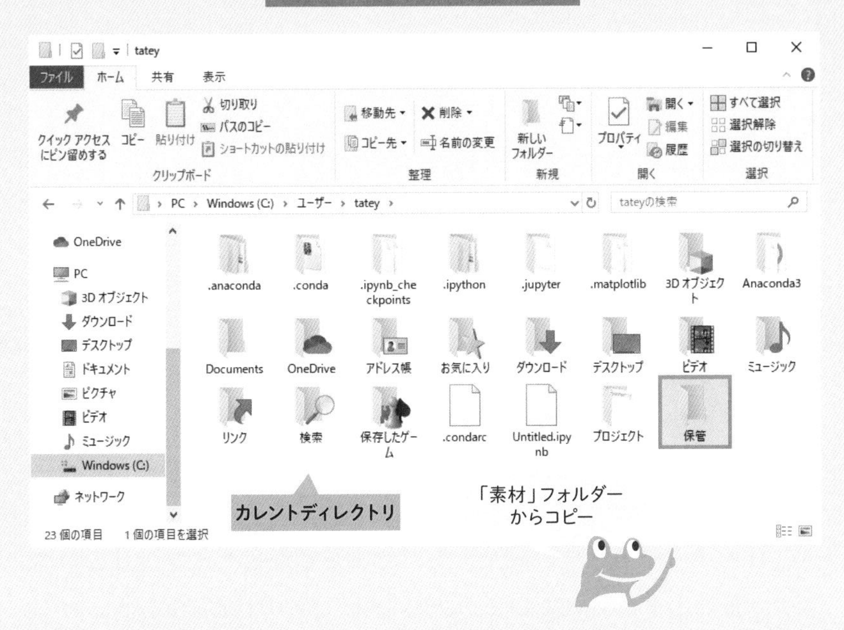


以上のように「プロジェクト」と「保管」の2つのフォルダーをカレントディレクトリにコピーできたら、サンプル1の作成準備は完了です。以降は前節で紹介した機能をPythonで作るよう、必要なコードを順に書いていきます。その過程でPythonの文法・ルールといった知識を学びます。あわせて、Chapter03-05～07で紹介した「段階的に作り上げる」などのノウハウも学んでいきます。

Chapter 06

# 大まかな処理手順を考えよう

## 手作業をそのまま処理手順にする

サンプル1の機能を備えたPythonのプログラムを作るには、コードを書き始める前に、どのような命令文をどう並べて書けばよいのか、まずはその処理手順を考える必要があります。

機能はChapter06-01で紹介したとおりでした。大まかには、バックアップ用フォルダーを作成し、対象のファイルをコピーしたのち圧縮したら、最後にバックアップ用フォルダーを削除するという手作業を自動化したいのでした。

これら手作業の大まかな流れをそのまま処理手順にすればよいのです。整理すると図の【処理手順1】～【処理手順4】になります。あとはこれら4つの処理手順にそれぞれ該当するPythonの命令文のコードを書けばよいのです。つまり、ひとつひとつの処理手順をPythonの命令文に置き換えていく——言い換えると、“翻訳”していくのです。

これで、目的の機能を備えたPythonのプログラムが作れるでしょう。このことはPythonのプログラミングのキホンとなるコツです。

## バックアップの大まかな処理手順

【処理手順1】バックアップ用フォルダー作成

【処理手順2】対象ファイルをコピー

【処理手順3】バックアップ用フォルダーをZIP圧縮

【処理手順4】バックアップ用フォルダー削除

あとは各処理手順をPython
のコードに"翻訳"すればOK
だね!

Chapter 06

# 考えた処理手順をさらに分解する

## より具体的な処理手順に！　見える化も大切

前節で考えた【処理手順1】「バックアップ用フォルダー作成」はもう少し具体的に考えると、フォルダー名は「backup」の後ろに、当日の日付（現在の日付）をyyyymmdd形式にした文字列を付けるのでした。その手順を整理すると、【処理手順1】は図のように、さらに3つの処理手順【処理手順1-1】～【処理手順1-3】に分解できます。このように一度考えた大まかな処理手順はさらに分解して、より具体的にすると、そのあとの“命令文への翻訳”がラクになります。

ここで気を付けてほしいのが、初心者はいきなり細かい処理手順を考えようとしないことです。いきなり細かい処理手順を考えると大抵はゴチャゴチャし、わからなくなってしまうものです。そうではなく、前節から本節の流れのように、まずは大まかな処理手順を考え、そのあとで各処理手順を必要に応じてさらに分解するとよいでしょう。

また、初心者が大まかな処理手順を考える際、頭の中だけで行おうとしてもゴチャゴチャしてしまい、必要な処理手順が抜けたり、順番がおかしくなったりしがちです。それを避けるため、紙にラフな手書きでよいので、“見える化”することを強くオススメします。

## 大まかな処理手順を細かく分解

【処理手順1】バックアップ用フォルダー作成

さらに分解！

【処理手順1-1】当日の日付からyyyymmdd形式の文字列を作る

【処理手順1-2】「backup」の後ろにyyyymmdd形式の文字列を付けてフォルダー名を組み立て

【処理手順1-3】その名前でフォルダーを作成

【処理手順2】対象ファイルをコピー

【処理手順3】バックアップ用フォルダーをZIP圧縮

【処理手順4】バックアップ用フォルダー削除

Chapter 06

# “回り道”をしながら作ることも大切なコツ

## いきなり完成形を目指さない

サンプル1の処理手順を考えたところで、さっそくコードを書きたいところですが……【処理手順1-1】と【処理手順1-2】は当日の日付から「backupyyyymmdd」形式でバックアップ用フォルダーの名前を組み立てる処理です。何やら難しそうな印象であり、実際に初心者がいきなり作るにはハードルがやや高いと言えます。

そこで、“回り道”をします。目的の機能をいきなり作らず、いったん簡略化したかたちで作ります。具体的には、日付は暫定的に2020年1月25日と仮定し、バックアップ用フォルダーの名前は「backup20200125」とします。フォルダー名は本来、当日の日付で変化するのですが、暫定的な日付による固定の名前にします。このフォルダー名「backup20200125」なら、前章で学んだos.makedirs関数の引数にそのまま文字列として指定するだけでよさそうです。

そして、暫定的なフォルダー名「backup20200125」で【処理手順1】を作り、【処理手順4】まで一通り作成します。そのあと、本来の【処理手順1-1】から【処理手順1-3】の処理にコードを発展させます。

このように難しそうな機能はいきなり完成形を目指さず、簡単なかたちで一通り作成し、そのあとで完成形へと近づけていくアプローチだと、初心者でも無理なく作れるのでオススメです。

## 回り道すると無理なく作れる

### ◉いったん簡略化して作成した後、本来の機能に発展させる

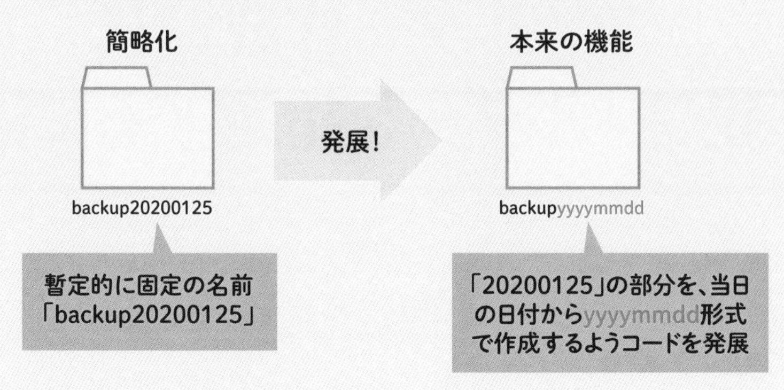


暫定の日付はいつでもいいけど、今回は2020年1月25日にするよ

### ◉“回り道”のススメ

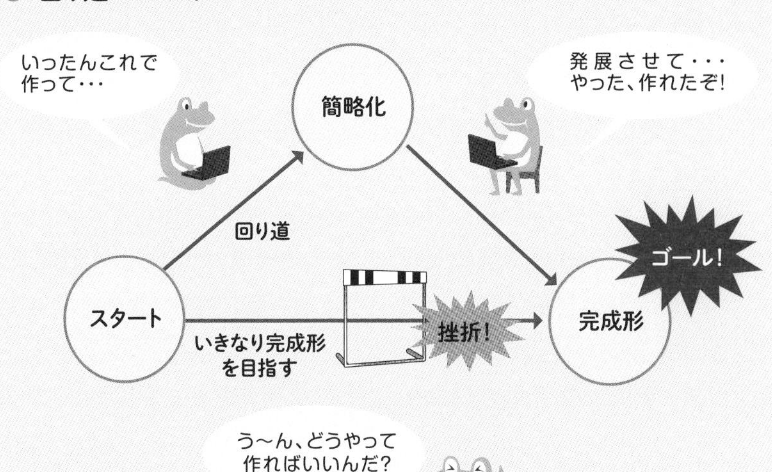

Chapter 06

# フォルダー作成時に親フォルダーを指定するには

## 親フォルダーをパスとして指定

前節では“回り道”として、フォルダー名は暫定的な日付である2020年1月25日の「backup20200125」と決めて、os.makedirs関数の引数にそのまま指定してすればよさそうだと述べました。

しかし、実際に「os.makedirs('backup20200125')」と記述して実行すると、カレントディレクトリ（Chapter04-10　P104参照）の直下に「backup20200125」フォルダーが作成されてしまいます。今回はカレントディレクトリにある「保管」フォルダーの中に作成したいのでした。言い換えると、「保管」を親に、「backup20200125」を子とする親子関係のフォルダーなり、その子フォルダーのみを新たに作成したいのでした。

「保管」フォルダーの中に「backup20200125」フォルダーを作成するには、os.makedirs関数の引数にフォルダー名「backup20200125」だけでなく、作成先（親フォルダー）の「保管」フォルダーを示す「パス」をフォルダー名の前に付ける必要があります。

「パス」とは、ファイルやフォルダーの場所を表す文字列のことです。図のとおり、フォルダー名を「¥」（半角の円マーク）で区切ってつなげた形式になります。左側にあるフォルダーほど上の階層になります。「¥」は専門用語で「パス区切り文字」と呼ばれます。

## パスのキホン

### ◉パスの書式

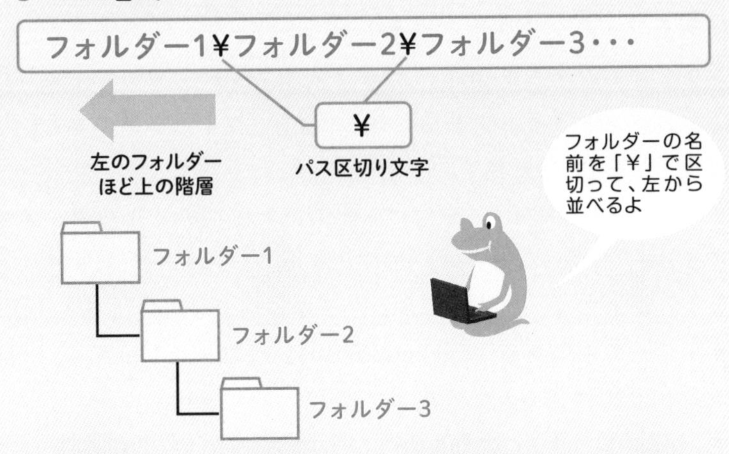


### ◉パスの例

親フォルダーが「boo」、子フォルダーが「foo」、孫フォルダーが「woo」

boo¥foo¥woo

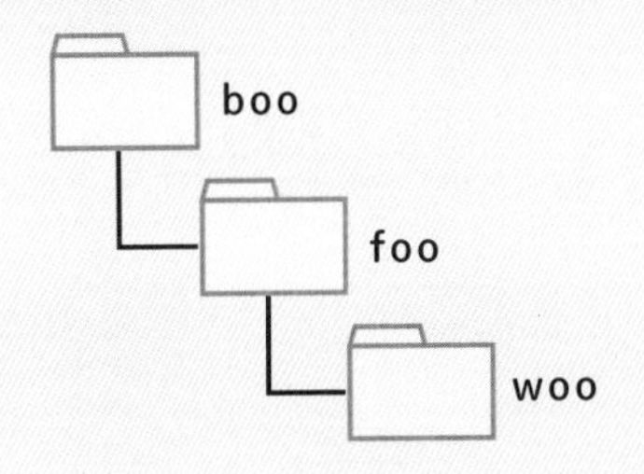

## カレントディレクトリを基準に指定

パスはフォルダー名から書き始めると、カレントディレクトリの中にあるフォルダーを指定することになります。言い換えると、カレントディレクトリの直下にあるフォルダーを指定できます。たとえば、カレントディレクトリにある「保管」フォルダーの中という場所なら「保管」となります。

さらに「保管」に「¥」を付け、そのあとに別のフォルダー名を記述すると、「保管」フォルダーの中にあるフォルダーを示すパスとなります。たとえば、前述のカレントディレクトリの中にある「保管」フォルダーの中にある「backup20200125」フォルダーなら、「保管¥backup20200125」となります。

さらに、「backup20200125」フォルダーの中にある別のフォルダーを指定したければ、「保管¥backup20200125¥」に続けてそのフォルダー名を付けます。たとえば、「backup20200125」フォルダーの中にある「boo」フォルダーなら、「保管¥backup20200125¥boo」となります。このように、カレントディレクトリを基準に場所を指定できるのです。

ファイルの場合も同様の形式になります。「保管」フォルダーの中にあるファイルなら、「保管¥」のあとにファイル名を拡張子込みで指定します。たとえば、「保管」フォルダーの中にあるファイル「foo.txt」なら、「保管¥foo.txt」となります。

なお、パス区切り文字はOSの種類によって異なり、Windows以外のOSでは「/」(スラッシュ)が使われます。

## カレントディレクトリを基準に場所を指定

### ◎カレントディレクトリが基準となるパス

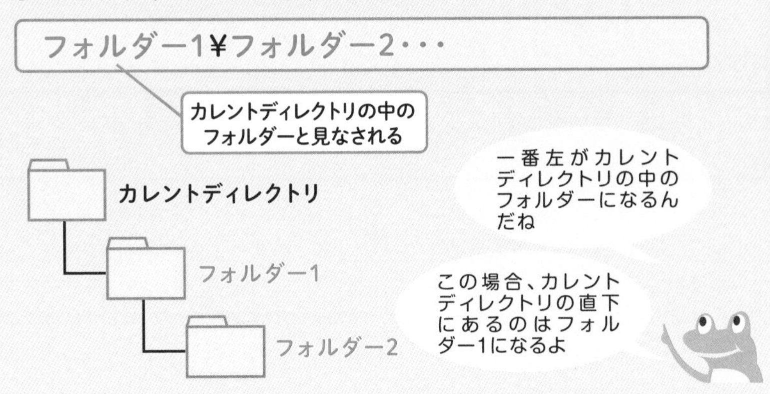


例:カレントディレクトリの中の「保管」フォルダーの中の「backup20200125」フォルダー

保管¥backup20200125

### ◎ファイル名も指定するケース

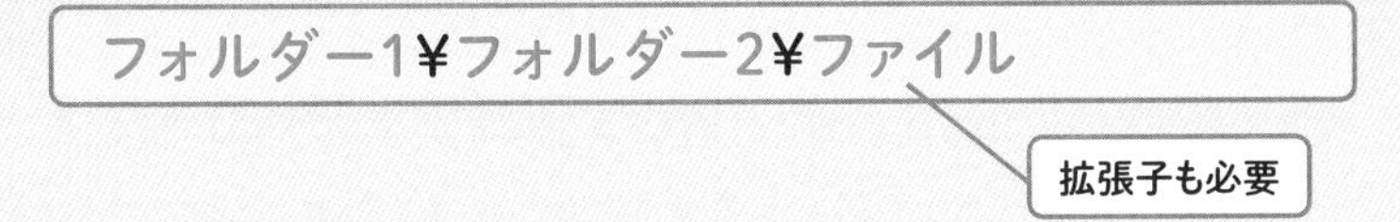


例:カレントディレクトリの中の「保管」フォルダーの中のファイル「foo.txt」

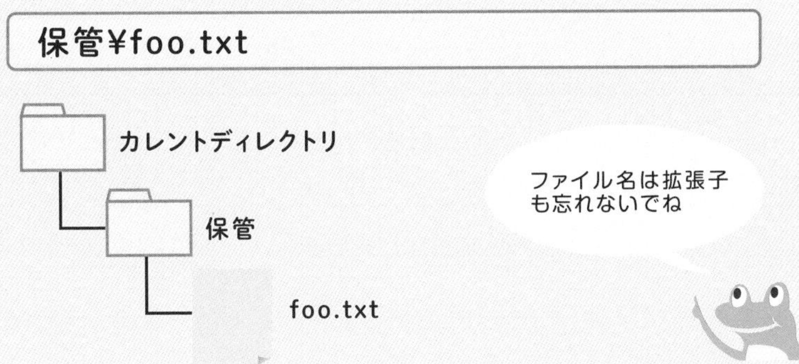

Chapter 06

# 「¥」は必ず重ねて「¥¥」と記述すべし

## 「¥」が1つだけだとエラーに！

前節では、「保管」フォルダーの中にある「backup20200125」フォルダーは、パスを付けて「保管¥backup20200125」となることを学びました。これをos.makedirs関数の引数に、「'」で囲って文字列として指定し、「os.makedirs('保管¥backup20200125')」と記述したいのですが、実はこのままだとエラーになってしまいます。

その理由ですが、Pythonではもともと「¥」は特殊な役割の文字として扱われるため、そのままでは文字列に使えません。使うためには「¥¥」のように、「¥」をさらに前に付けて、2つ重ねたかたちで記述するルールになっています。たとえば、print関数で文字「¥」を出力したい場合、「print('¥¥')」と記述する必要があります。もし、「print('¥')」と重ねずに記述するとエラーになります。

したがって、os.makedirs関数の引数には「'保管¥backup20200125'」ではなく、必ず「¥」を重ねて「'保管¥¥backup20200125'」と記述しなければなりません。

## パスの文字列では「¥」は必ず重ねる

### ⦿パスの文字列の書式

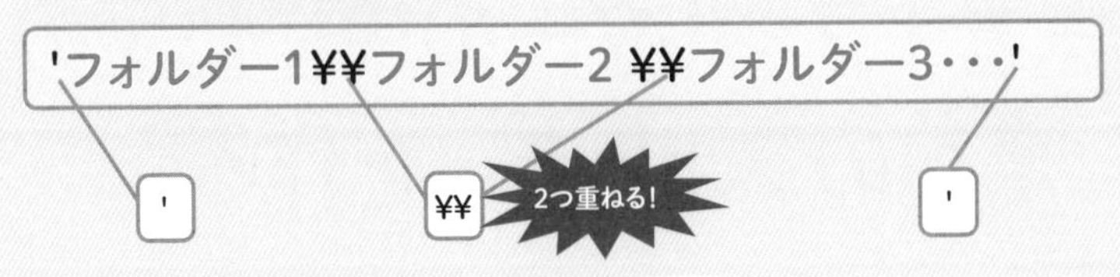


「'」で囲んだ中では、「¥」は必ず2つ重ねてね

例：カレントディレクトリの中の「保管」フォルダーの中の「backup20200125」フォルダー

Chapter 06

# 「保管」フォルダーの中に暫定の名前のフォルダーを作ろう

## 「backup20200125」フォルダーを作ろう

Chapter06-03から05にかけて、サンプル1の処理手順を考え、【処理手順1】は暫定的なフォルダー名「backup20200125」で、ひとまず作成すると決めました。そして、前節までに、そのフォルダーを「保管」フォルダーの中に作成するには、os.makedirs関数の引数に文字列として「'保管¥¥backup20200125'」を指定し、「os.makedirs('保管¥¥backup20200125')」と記述すればよいとわかりました。その際、「¥」は必ず重ねて記述する必要があることも学びました。このコードが【処理手順1】のコードになります。

それでは、このコードをJupyter Notebookに実際に記述して実行してみましょう。以下のコードをJupyter Notebookの末尾にある新しいセルに入力してください。もし新しいセルがなければ、ツールバーの［+］をクリックすれば追加できます。また、入力の際はTabキーによる補完機能（Chapter05-06）をフル活用するとよいでしょう。一方、「¥」を重ねることはJupyter Notebookで補完してくれないので、忘れないよう注意してください。

```
import os
```

```
os.makedirs('保管¥¥backup20200125')
```

## 【処理手順1】のコードを入力

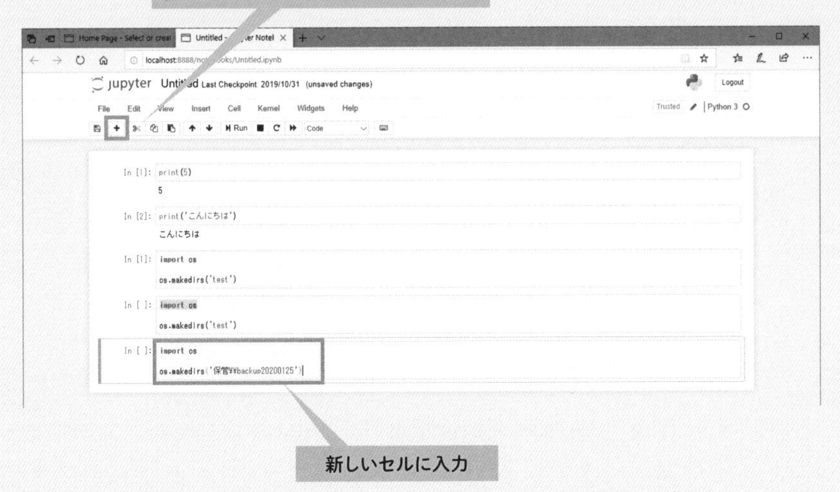


os.makedirs関数を使うにはosモジュールを読み込む必要があるので、そのimport文も記述します。また、繰り返しになりますが、os.makedirs関数の引数では、「¥」を重ねることを忘れないよう注意してください。

これで、【処理手順1】のコードを入力できました。さっそく実行して動作確認しましょう。Chapter03-05で概要を学んだ「段階的に作り上げる」ノウハウでは、命令文を1つ書いたら、必ずその場で動作確認するのでした。その実践として、ここで実行します。

実行する前に念のため、カレントディレクトリにある「保管」フォルダーを開き、中身が空であることを確認しておきましょう。

### 実行前に「保管」フォルダー内を確認

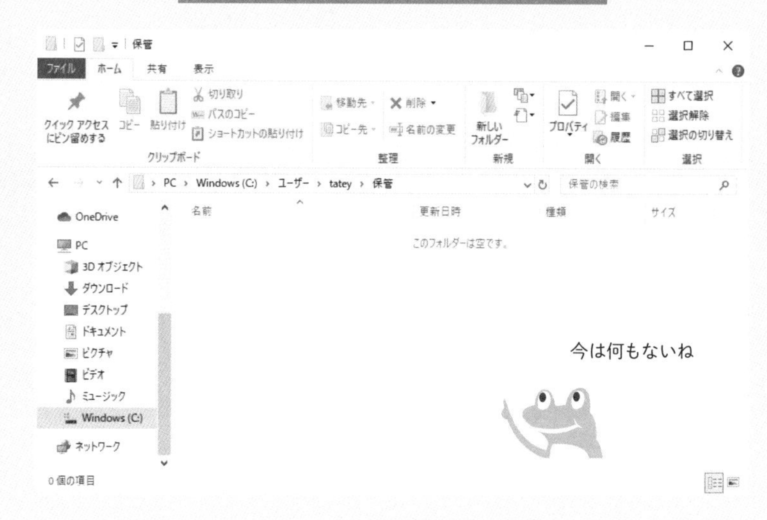


確認できたら、Jupyter Notebookの［Run］ボタンをクリックするなどして実行してください。すると、「保管」フォルダーの中に「backup20200125」フォルダーが新たに作成されたことが確認できます。

### 「backup20200125」フォルダーが作成された！

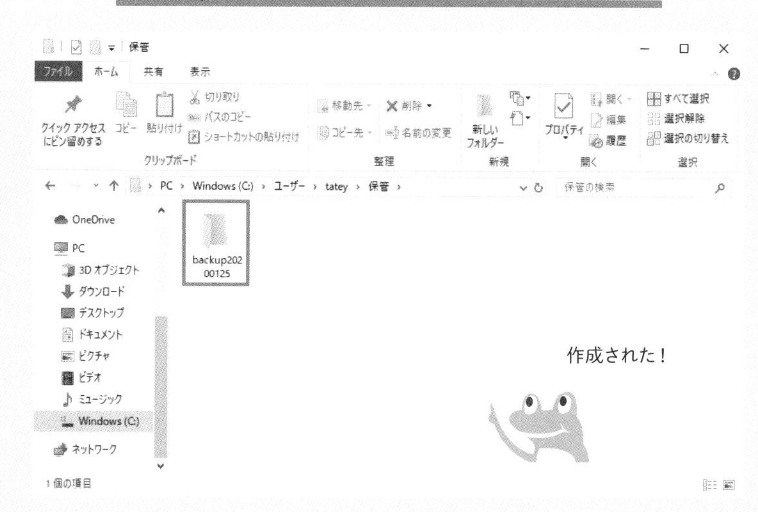

確認できたら、次回の動作確認のため、作成された「backup20200125」フォルダーを手動で削除しておきましょう。削除はエクスプローラーの［ホーム］タブの［削除］などから行えます。

「backup20200125」フォルダーを手動で削除

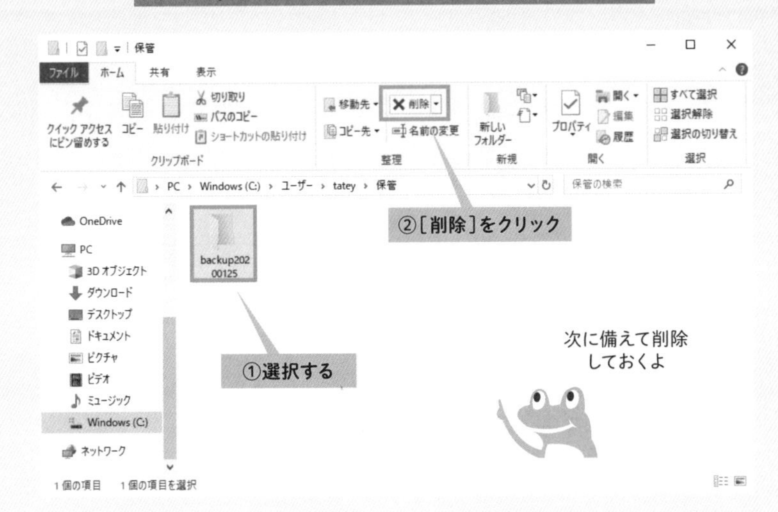


もし削除せずに残ったままだと、次回実行した際は同じ名前のフォルダーを作成しようとするので、エラーになってしまいます。

## 同名フォルダーが既にあるとどうなる?

先ほどフォルダーを削除したのは、同じ名前のフォルダーが残っていることによるエラーを防ぐためでした。ここで親子関係のフォルダーを作成するにあたり、同じ名前のフォルダーが既に存在している場合のos.makedirs関数の機能をもう少し詳しく解説します。

本節では、「os.makedirs('保管¥¥backup20200125')」のコードを実行しました。引数には「保管」を親フォルダー、「backup20200125」を子フォルダーとする親子関係（階層構造）で指定したことになります。

実行時の条件は、カレントディレクトリの中に「保管」フォルダーがあり、その「保管」フォルダーの中は空の状態でした。親フォルダー「保管」は存在し、子フォルダー「backup20200125」は存在しない状態になります。その状態で実行すると、「保管」フォルダーの中に「backup20200125」フォルダーが新たに作成されました。

このようにos.makedirs関数では、引数に親子関係のフォルダーを指定した場合、存在しない子フォルダーのみが作成されます。言い換えると、親フォルダーが存在するなら、その親フォルダーの中に子フォルダーが新たに作成されることになります。

**親フィルダーが存在する／しないで動作が変わる**

◉引数に親子関係のフォルダーを指定

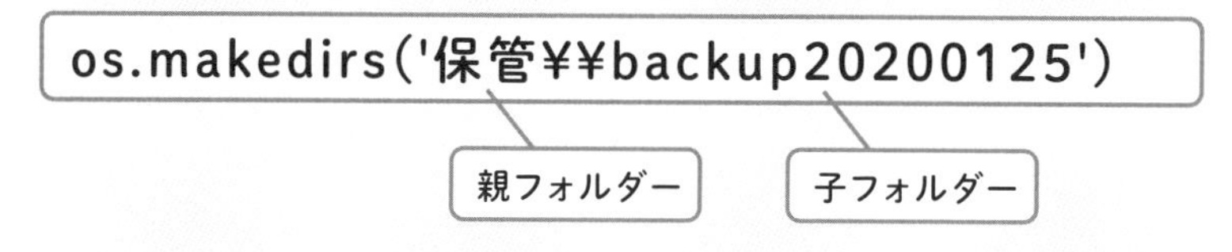


◉子フォルダーのみ存在しないケース

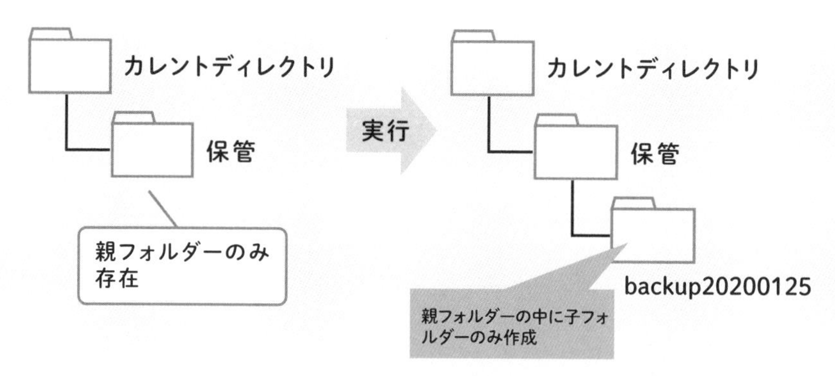

異なる条件でのケースも解説します。親フォルダーである「保管」フォルダーすら存在しないとします。その状態で、先ほどのコード「os.makedirs('保管¥¥backup20200125')」を実行すると、親フォルダー「保管」が新たに作成され、さらにその中に「backup20200125」フォルダーが新たに作成されます。つまり、子フォルダーに加え、親フォルダーも一緒に作成されることになります。

実際に試してみましょう。まずは「保管」フォルダーを削除してください。

**親フォルダーの「保管」フォルダーを削除**

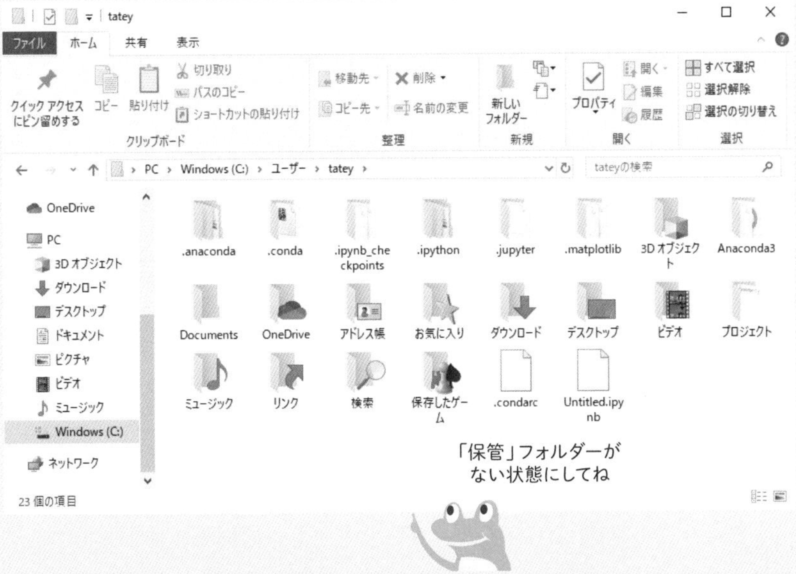

tatey

ファイル　ホーム　共有　表示

クイック アクセスにピン留めする　コピー　貼り付け　切り取り　パスのコピー　ショートカットの貼り付け　クリップボード
移動先　コピー先　削除　名前の変更　整理
新しいフォルダー　新規
プロパティ　開く　編集　履歴　開く
すべて選択　選択解除　選択の切り替え　選択

PC › Windows (C:) › ユーザー › tatey ›　tateyの検索

OneDrive
PC
3D オブジェクト
ダウンロード
デスクトップ
ドキュメント
ピクチャ
ビデオ
ミュージック
Windows (C:)
ネットワーク

.anaconda　.conda　.ipynb_checkpoints　.ipython　.jupyter　.matplotlib　3D オブジェクト　Anaconda3
Documents　OneDrive　アドレス帳　お気に入り　ダウンロード　デスクトップ　ビデオ　プロジェクト
ミュージック　リンク　検索　保存したゲーム　.condarc　Untitled.ipynb

23 個の項目

「保管」フォルダーがない状態にしてね

「保管」フォルダーを削除し、存在しない状態にできたら、Jupyter Notebookにてコードを実行してください。すると、親フォルダーの「保管」が作成され、その中を開くと、子フォルダーの「backup20200125」がまとめて作成されたことが確認できます。

「保管」フォルダーが作成された

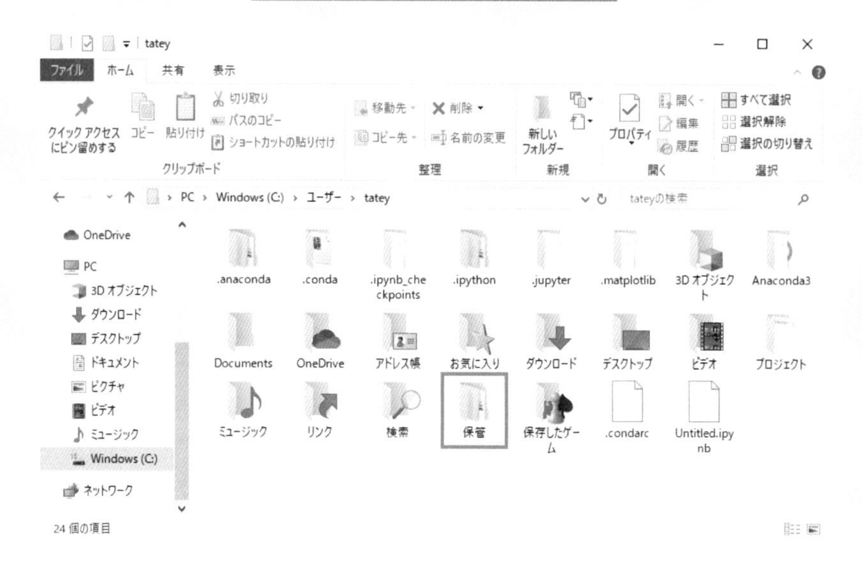


「保管」フォルダーの中に「backup20200125」フォルダーも作成された

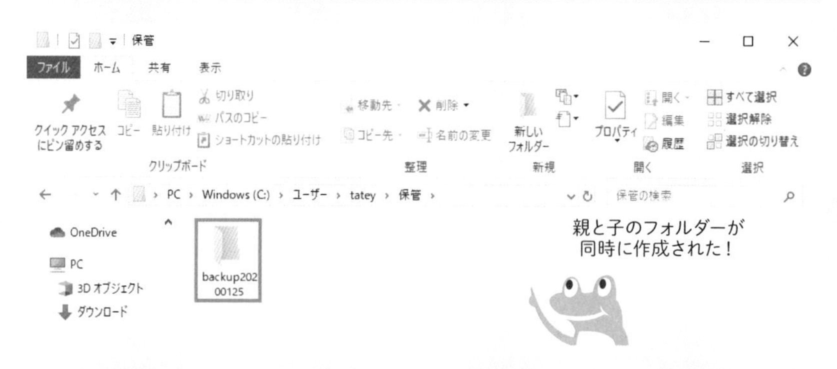


このようにos.makedirs関数は親フォルダーが存在しなければ、同時に作成する機能も備えています。複数の階層にわたる親子関係のフォルダーを1行のコードでまとめて作成できる便利な関数なのです。もちろん、親子孫といった3階層以上にも対応できます。Pythonのライブラリの便利さの一例と言えるでしょう。

## 親フィルダーも存在しなければ同時に作成

### ◉親フォルダーも子フォルダーも存在しないケース

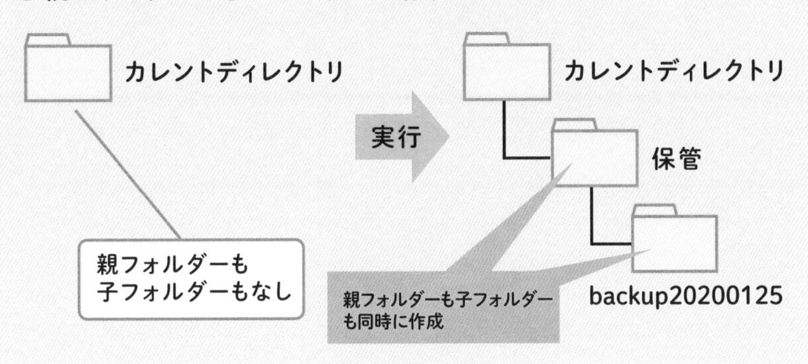


　また、別の条件として、親フォルダー「保管」の中に子フォルダー「backup20200125」がすでに存在するとします。その状態で同じコードを実行すると、既存と同じ名前の子フォルダーを作成しようとするのでエラーになります。親フォルダーはすでに存在していれば、新たに作らないためエラーにはなりませんが、子フォルダーの場合はエラーになります。

　もっとも、子フォルダーについても、同じ名前のフォルダーがすでに存在しても、新たに作ろうとしないようにして、エラーを避けるための引数が実は用意されています。省略可能な引数であり、これまでは使ってきませんでした。詳しくはChapter10-06のコラムで紹介します。

　それでは、次回以降の動作確認に備え、「backup20200125」フォルダーを削除して、「保管」フォルダーだけがある状態にしたら、次節へ進んでください。

Chapter 06

# ファイルをコピーする処理を追加しよう

## ファイルのコピーはshutil.copy関数で

サンプル1は前節にて、暫定的なフォルダー名「backup20200125」にて【処理手順1】が作成できました。本節では【処理手順2】である「対象ファイルをコピー」を作成します。

ここでコピーする対象ファイルとコピー先フォルダーを改めて提示しておきます。各フォルダーの基準となる場所はいずれもカレントディレクトリになります。

### 対象ファイル

・ファイル名　企画書.pptx
・場所　　　　「プロジェクト」フォルダー

### コピー先フォルダー

・場所　「保管」フォルダーの中の「backup20200125」フォルダー

ファイルのコピーは「shutil」というモジュールの「copy」という関数で行います。関数名を記述する際は「shutil」と「copy」に「.」を挟み、「shutil.copy」となります

shutilモジュールを読み込むコードは以下になります。import文にモジュール名「shutil」を指定します。

```
import shutil
```

shutil.copy関数の基本的な書式は以下です。

書式

```
shutil.copy(コピー元ファイル, コピー先フォルダー)
```

第1引数には、コピー元ファイルを文字列として指定します。ファイルは拡張子まで含めて記述します。カレントディレクトリ直下にあるファイルでなければ、その場所のパスをファイル名の前に付けます。パスの文字列なので、フォルダー名に「¥¥」を付けて記述します。

第2引数には、コピー先となるフォルダーを文字列として指定します。フォルダー名だけを指定すると、カレントディレクトリ直下にあるフォルダーと見なされます。親子関係のフォルダーなら、パスを付けて記述します。

他にも省略可能な引数がありますが、本書では割愛します。以降の関数の書式についても、引数は必要最小限のもの、および本書サンプルで用いるものに絞り、その他の省略可能な引数については割愛するとします。

【処理手順2】のコードには、このshutil.copy関数を使います。コピー元ファイルは「プロジェクト」フォルダーにある企画書.pptxでした。第1引数に指定するには、ファイルの名前「企画書.pptx」の前に、格納先のフォルダー（親フォルダー）の名前である「プロジェクト」を、パス区切り文字「¥¥」を挟んで記述します。文字列なので全体を「'」で囲います。以上をまとめると、第1引数には以下を指定すればよいとわかります。

```
'プロジェクト¥¥企画書.pptx'
```

第2引数のコピー先フォルダーは「保管」フォルダーの中の「backup20200125」フォルダーであり、以下のように指定すればよいことは前節でわかっています。

```
'保管¥¥backup20200125'
```

以上のコピー元ファイルをshutil.copy関数の第1引数、コピー先フォルダーを第2引数に指定します。すると、目的の【処理手順2】のコードは、shutil.copy関数を以下のように記述すればよいとわかります。

```
shutil.copy('プロジェクト¥¥企画書.pptx', '保管¥¥backup20200125')
```

第1引数と第2引数の区切りの「,」の後ろには、半角スペースを入れてください。この半角スペースについては、Chapter06-13で改めて解説します。

## 実際にコードを追加して動作確認

どのようなコードを書けばよいかわかったところで、さっそくお手元のJupyter Notebookで書いてみましょう。

前節で書いたセルの中をクリックして選択し、カーソルが点滅して編集可能な状態になったら、以下のようにコードを追加してください。その際、Tabキーによる入力補完機能をフル活用しましょう。「¥」は重ね忘れても補完してくれないので注意してください。shutil.copy関数のコードに加え、shutilモジュールを読み込むコード「import shutil」も忘れずに追加してください。

追加前

```
import os

os.makedirs('保管¥¥backup20200125')
```

追加後

```
import os
import shutil

os.makedirs('保管¥¥backup20200125')
shutil.copy('プロジェクト¥¥企画書.pptx', '保管¥¥backup20200125')
```

追加し終わったら、実行して動作確認しましょう。実行する前に、念のため「backup20200125」フォルダーが「保管」フォルダーの中にない状態か確認してください。もしあれば削除しておいてください。そうしないと前節でも触れたように、同じ名前のフォルダーを作ろうとしてエラーになってしまいます。

**実行前に、「保管」フォルダーの中が空か確認**

確認できたら、実行してください。実行した後に「保管」フォルダーの中を見ると、まずは「backup20200125」フォルダーが作成されたことが確認できます。

続けて、「backup20200125」フォルダーを開くと、目的のファイル「企画書.pptx」がコピーされていることが確認できます。

**企画書.pptxがコピーされた！**

また、ファイルの移動ではなくコピーであることは、コピー元ファイルがある「プロジェクト」フォルダーを開いてみると、企画書.pptxが残っていることで確認できます。

**コピーなので元ファイルは残る**

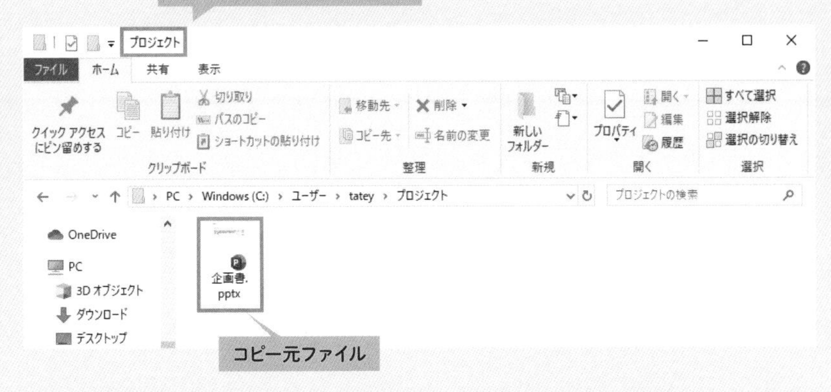


## 実行したら「Out[連番]: ～」が出力された

実行したあとのJupyter Notebookを見て気づいた方も少なくないかと思いますが、実行したコードが記述されているセルに「Out[連番]:」が表示され、それに続けて「'保管¥¥backup20200125¥¥企画書.pptx'」と表示されました。

**「Out[連番]: ～」が出力された**

```
In [7]:  import os
         import shutil

         os.makedirs('保管¥¥backup20200125')
         shutil.copy('プロジェクト¥¥企画書.pptx', '保管¥¥backup20200125')

Out[7]:  '保管¥¥backup20200125¥¥企画書.pptx'
```

出力された

これはshutil.copy関数およびJupyter Notebookの機能によって出力されたものです。少々ややこしい話になりますが、Jupyter Notebookはprint関数を使わなくとも、値を出力することができます。今回のコードで出力されたのは、最後に実行されたshutil.copy

関数の戻り値です。実は同関数は実行すると、コピーして生成されたファイル名のパス付の文字列を戻り値として返します。そのため、「'保管¥¥backup20200125¥¥企画書.pptx'」と出力されたのです。

このJupyter Notebookの機能は通常、値の確認などに利用されます。何か計算を結果や、統計分析の関数を実行して戻り値として返される結果などを出力して確認したい場合、いちいちprint文を使わずに済むのがメリットです。今回のコードはそのような意図がなかったものの、たまたま最後に実行されたコードが戻り値を返す関数だったため、このように出力されたのです。

また、出力される値で注意したいのが、"生の値"が出力される点です。たとえば文字列なら、上記画面のように、両端の「'」が含まれ、「¥」は2つ重ねられたかたちで出力されます。print関数ならChapter06-07の図における例のように、「'」は表示されず、「¥」は重ねられず1つのみが出力されます。出力された値を確認する際はこの点を留意しておきましょう。

## コードを1つ追加する度に動作確認

さて、ここでChapter03-05～06で学んだノウハウ「段階的に作り上げる」を思い出してください。このノウハウは命令文を1つ書くたびに動作確認を行うのでした。その理由は誤りを自力で発見しやすくするためでした。

サンプル1はここまでに、【処理手順1】と【処理手順2】の2つの命令文のコードを記述しました。そして、記述する度に動作確認しました。まずは【処理手順1】のコードを記述したらすぐに実行し、「backup20200125」フォルダーが意図通りにちゃんと作成されることを確認しました。次に【処理手順2】のコードを追加し、同じくすぐに動作確認しました。これが同ノウハウの実践例です。

仮に同ノウハウを使わず、2つのコードを書いてからまとめて実行して動作確認したとします。もし、意図通りに動かず、企画書.pptxのコピーに失敗したとします。その原因は【処理手順2】のコードがおかしくて、ちゃんとコピーできなかったのか、それとも【処理手順1】のコードがおかしくて、コピー先となるバックアップ用フォルダー作成がちゃんとできていなかったのか、すぐにはわからないでしょう。

その点、同ノウハウを使えば、原因は【処理手順2】だとすぐにわかります。なぜなら、【処理手順1】のコードは書いたその場で動作確認を行い、もし誤りがあれば必ず修正してから【処理手順2】のコードを追加するので、【処理手順1】のコードに誤りはないことになるからです。これがこれが同ノウハウのメリットの実例です。

同ノウハウがどのようなものなのか、何となく把握できたでしょうか？　以降もコードを1行追加する度に動作確認していきますので、ぜひ体にしみこませてください。

**段階的に作り上げるノウハウを使えば、誤りを発見しやすい**

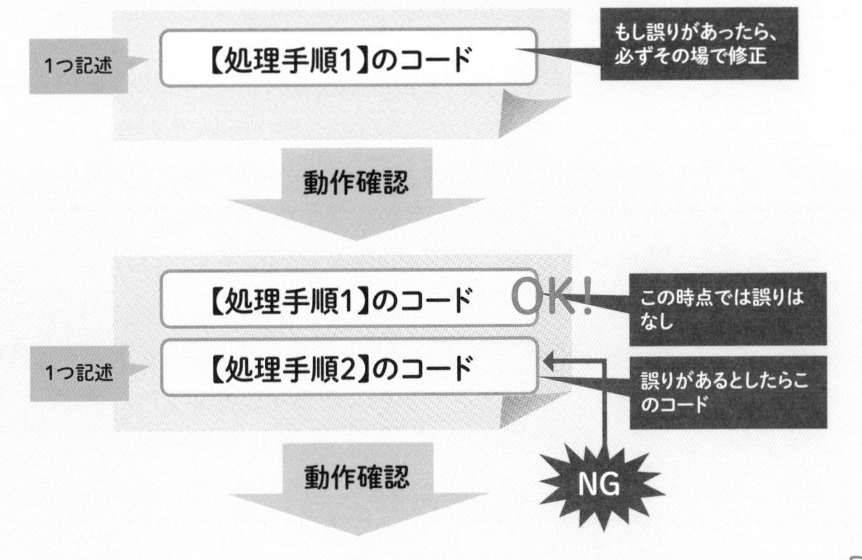

Chapter 06

# フォルダーを圧縮する処理を追加しよう

## フォルダー圧縮はshutil.make_archive関数で

次は【処理手順3】の「バックアップ用フォルダーをZIP圧縮」を作成しましょう。バックアップ用フォルダーをZIP圧縮して、ZIPファイルを生成します。

Pythonで圧縮する関数は何種類かありますが、単にフォルダーを丸ごとZIP圧縮するだけなら、shutilモジュールの「make_archive」という関数を使うのが手軽です。基本的な書式は以下です。

書式

```
shutil.make_archive(圧縮ファイル名, 形式, 元フォルダー)
```

第1引数には、圧縮されて生成されるファイルの名前を文字列として指定します。その際、「.zip」などの拡張子は付けない点に注意してください。生成先がカレントディレクトリの直下でなければ、パス付で指定します。

第2引数には圧縮の形式を文字列として指定します。ZIP形式なら文字列「zip」を指定します。コードでは「'zip'」と記述します。この第2引数で指定した形式で圧縮され、その形式の拡張子が第1引数で指定したファイル名の後ろに付与されます。たとえば文字列「zip」を指定したら、拡張子「.zip」が付与されます。

第3引数には、圧縮したい元のフォルダーの名前を文字列として指定します。カレントディレクトリの直下にあるフォルダーでなければ、パス付きで指定します。

【処理手順3】では、Chapter06-01の仕様のとおり、バックアップ用フォルダーをそのまま同じ名前で、同じ場所にZIP圧縮するのでした。そのため、第1引数には、目的のバックアップ用フォルダーと同じ名前を指定します。目的のフォルダー名は「backup20200125」であり、それに「保管」フォルダーのパスを付けた文字である「'保管¥¥backup20200125'」を第1引数に指定すればよいことになります。

第2引数には、ZIP形式で圧縮したいので、文字列として「'zip'」を指定します。第3引数には、圧縮したいのはバックアップ用フォルダー「backup20200125」なので、このフォルダー名に「保管」フォルダーのパスを付けた「'保管¥¥backup20200125'」を指定すればよいことになります。

以上を踏まえると、【処理手順3】のコードはshutil.make_archive関数を以下のように記述すればよいとわかります。

```
shutil.make_archive('保管¥¥backup20200125', 'zip', '保管¥¥backup20200125')
```

このように同じ場所に同じ名前で圧縮する場合、第1引数と第3引数には同じ文字列を指定する結果になります。

## コードを追加して動作確認しよう

【処理手順3】のコードがわかったところで、さっそく追加しましょう。Tab キーによる入力補完機能を活用しつつ、入力しましょう。また、shutilモジュールを読み込むコードはすでに記述してあるので、追記は不要です。

追加前

```
import os
import shutil

os.makedirs('保管¥¥backup20200125')
shutil.copy('プロジェクト¥¥企画書.pptx', '保管¥¥backup20200125')
```

追加後

```
import os
import shutil

os.makedirs('保管¥¥backup20200125')
shutil.copy('プロジェクト¥¥企画書.pptx', '保管¥¥backup20200125')
shutil.make_archive('保管¥¥backup20200125', 'zip', '保管¥¥backup20200125')
```

追加できたら実行して動作確認しましょう。前節と同じく、もし「保管」フォルダーの中に「backup20200125」が残っていたら、事前に削除しておいてください。

実行すると、「保管」フォルダーの中にZIPファイル「backup20200125.zip」が生成されたことが確認できます。あわせて、圧縮の元フォルダーである「backup20200125」が残っていることも確認できます。

また、ZIPファイル「backup20200125.zip」は右クリック→［すべて展開］などで展開すると、「backup20200125」フォルダーとなり、その中に企画書.pptxがあることが確認できるので、ちゃんと元フォルダーが圧縮されたことがわかります。もし、お手元のパソコンで確認するなら、展開先は「保管」フォルダー以外にしてください。現時点では元フォルダーである「backup20200125」が残っているため、展開すると同じ名前のフォルダーになってしまうからです。

「backup20200125.zip」が生成された

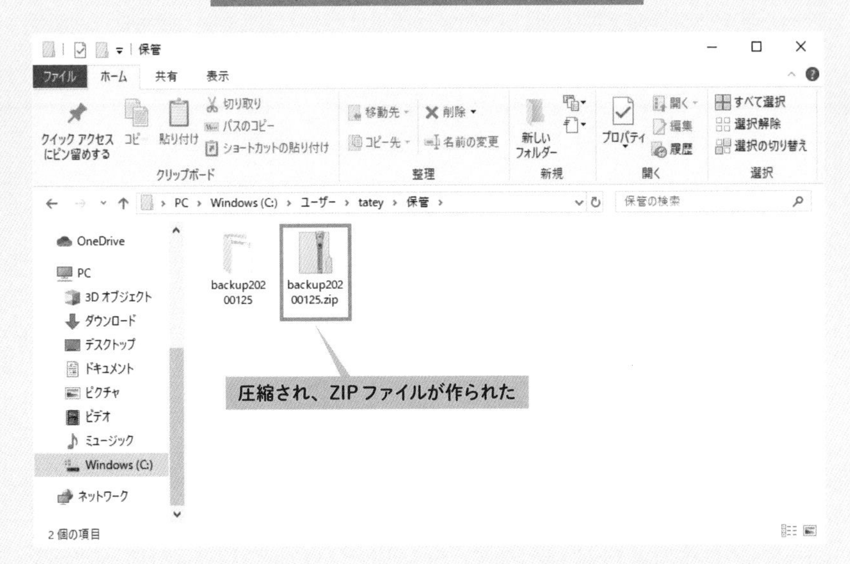


なお、実行後はJupyter Notebookのセル下の「Out[連番]:」に「'C:¥¥Users¥¥<ユーザー名>¥¥保管¥¥backup20200125.zip'」と表示されます。これは最後に実行されたshutil.make_archive関数が圧縮後に、生成された圧縮ファイルのパス付ファイル名を戻り値として返すようになっており、それが出力された結果になります。

Chapter 06

# バックアップ用フォルダー削除の処理を追加

## フォルダー削除はshutil.rmtree関数で

本節では、最後の処理手順である【処理手順4】を作成します。バックアップ用フォルダー「backup20200125」を圧縮後に削除する処理です。

フォルダーの削除はshutilモジュールのshutil.rmtree関数で行います。基本的な書式は以下です。

書式

```
shutil.rmtree(フォルダー名)
```

引数には、削除したいフォルダー名を文字列として指定します。カレントディレクトリの直下にないフォルダーなら、パス付で指定します。今回削除したいのは「backup20200125」フォルダーで、「保管」フォルダーにあります。したがって引数には「'保管¥¥backup20200125'」と指定すればよいことになります。

```
shutil.rmtree('保管¥¥backup20200125')
```

では、上記コードを追加してください。

追加前

```
import os
import shutil


os.makedirs('保管¥¥backup20200125')
shutil.copy('プロジェクト¥¥企画書.pptx', '保管¥¥backup20200125')
shutil.make_archive('保管¥¥backup20200125', 'zip', '保管¥¥backup20200125')
```

追加後

```
import os
import shutil


os.makedirs('保管¥¥backup20200125')
shutil.copy('プロジェクト¥¥企画書.pptx', '保管¥¥backup20200125')
shutil.make_archive('保管¥¥backup20200125', 'zip', '保管¥¥backup20200125')
shutil.rmtree('保管¥¥backup20200125')
```

追加できたら実行して動作確認しましょう。前節と同じく、「backup20200125」フォルダーを事前に削除しておいてください。ZIPファイル「backup20200125.zip」も削除しておいてください。

実行すると、「保管」フォルダーの中にあった「backup20200125」フォルダーが削除されたことが確認できます。

**圧縮後に元フォルダーが削除された**

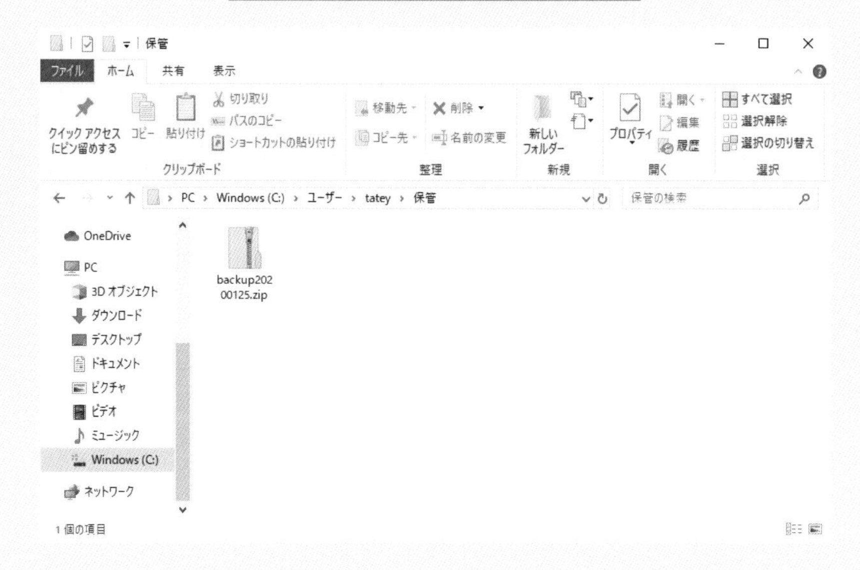


なお、shutil.rmtree関数は戻り値がない関数なので、最後に実行された結果、セルの下に「Out[連番]：」は表示されません。

これで、バックアップ用フォルダーの名前は暫定的に「backup20200125」と固定しているものの、【処理手順1】～【処理手順4】までの処理を作成できました。Pythonのライブラリの関数として、os.makedir関数、shutil.copy関数、shutil.make_archive関数、shutil.rmtree関数という4種類を実際に使ってみました。階層的なフォルダーの作成をはじめとする各種処理が、関数がたったひとつの1行のコードだけで作れたことを実感できたのではないでしょうか。

## 続けて実行してもエラーにならない

　前節までは、前回の実行結果となる「保管」フォルダーの中にある「backup20200125」フォルダーを削除せず、そのまま続けて実行すると、同名フォルダーを作成しようとしてエラーになるのでした。

　本節では、【処理手順4】のコードを追加したため、最後は「backup20200125」フォルダーが削除されるようになりました。そのため、続けて実行しても、同名フォルダーは存在しないので、エラーは発生しなくなります。

　また、生成されたZIPファイル「backup20200125.zip」ですが、実はこちらもいちいち削除せずとも、次回以降そのまま続けて実行してもエラーになります。既に「backup20200125.zip」が存在する状態で、さらに同名のZIPファイルを生成しようとしますが、shutil.rmtree関数は同名のZIPファイルが既に存在すれば、自動で上書きする機能を備えているため、エラーにならないのです。

　このように関数の種類によって、同名の存在を許すか許さないか、または引数で動作を変えられるのかなどの機能が異なります。今後読者のみなさんがPythonで自分のオリジナルのプログラムを作成する際、用いる関数の機能をその都度確かめ、必要に応じてエラーを回避する処置をしましょう。

Chapter 06

# 2つのツボをサンプル1のコードで再確認

## 命令文は上から適切な順で並べる

本節までにサンプル1は、バックアップ用フォルダーの名前は暫定的に「backup20200125」として作成してきました。その中で空の行を除き、計6行のコードを記述してきました。それらの意味や機能を改めて整理すると図のようになります。

ここで改めて思い出していただきたいのが、Chapter03で学んだツボ「命令文を上から並べて書く」です。上から並べて書いた命令文（コード）が上から順に実行されるのでした。本章では実際に1行ずつコードを追加し、その都度動作確認して体感してきました。

Chapter03で学んだもう1つのツボ「命令文は適切な順で並べる」も思い出してください。各命令文は適切な順で並んでいないと、実行してもうまく動きません。たとえば、④が③の前に書かれていると、コピー先のフォルダーを作る前にファイルをコピーしようとすることになり、うまく動かなくなってしまいます。

冒頭の2つのimport文の①と②も、各関数を実行するコードより前に書かれていなければ、それらの関数が使えません。一方、①と②の順番は、各関数を実行するコードより前なら、どちらでも構いません。このように命令文によっては、順番は変えても問題ないケースもあることも知っておきましょう。

## 4つの処理手順の命令文を適切に並べた

◉考えた処理手順　◉書いたコード

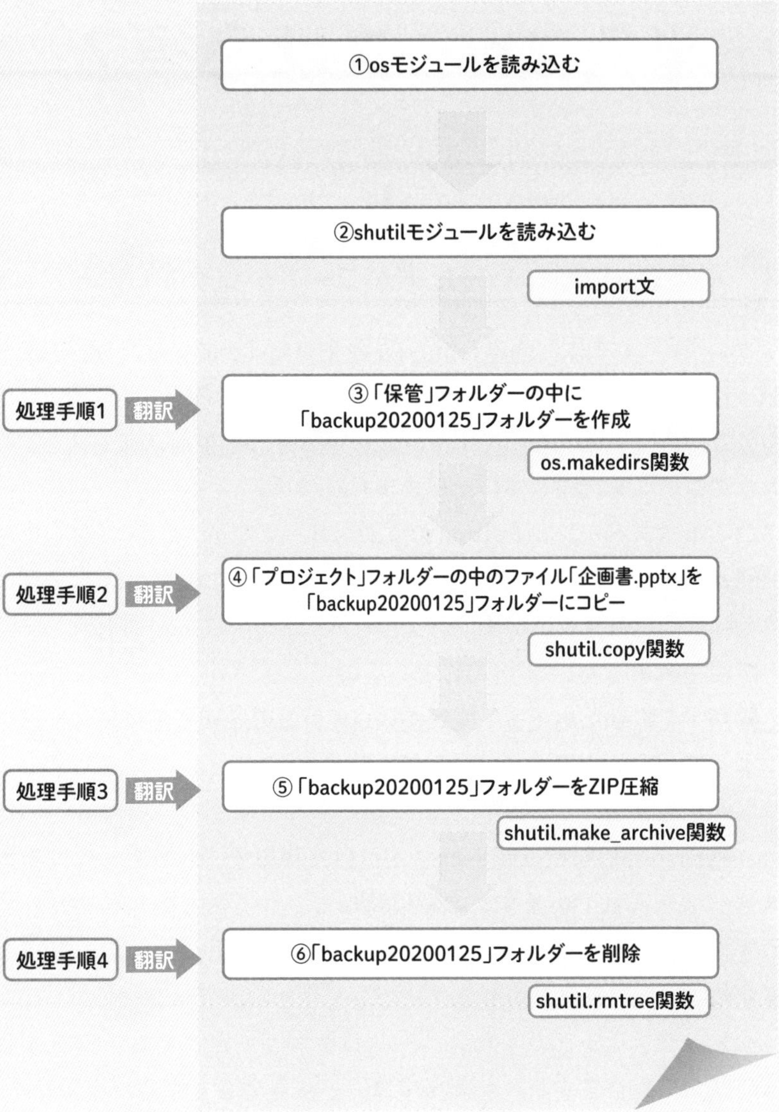

①osモジュールを読み込む

②shutilモジュールを読み込む

import文

処理手順1　翻訳　③「保管」フォルダーの中に「backup20200125」フォルダーを作成

os.makedirs関数

処理手順2　翻訳　④「プロジェクト」フォルダーの中のファイル「企画書.pptx」を「backup20200125」フォルダーにコピー

shutil.copy関数

処理手順3　翻訳　⑤「backup20200125」フォルダーをZIP圧縮

shutil.make_archive関数

処理手順4　翻訳　⑥「backup20200125」フォルダーを削除

shutil.rmtree関数

Chapter 06

# 半角スペースは必須?

##  なくてもOK!　あった方がコードが見やすくなる

サンプル1では、shutil.copy関数やshutil.make_archive関数といった関数にて、引数を2つ指定しました。その際、1つ目と2つ目の引数は「,」で区切るのですが、カンマの後ろに半角スペースを1つ入れてコードを記述していただきました。

この半角スペースはPythonの文法・ルールとして、入れなくても問題ありません。コードはちゃんと動きます。この半角スペースは実行時には無視されています。

無視されるなら、なぜ入れているのでしょうか?　それはコードを見やすくするためです。関数の2つの引数の区切りを半角スペースによって目立たせることで、引数が2つあること、それぞれどのような値を指定しているのかがより読み取りやすくなります。そのため、Pythonではなかば慣例的に、引数に限らず「,」のあとには半角スペースを入れています。次章以降にも、なくても問題ないが、見やすくするために入れる半角スペースが引数以外の場面でも登場しますので、その都度解説します。

なお、「,」の後ろの半角スペースは2つ以上入れても、実行すれば問題なく動きますが、かえってコードが見づらくなるだけでなく、いらぬトラブルの遠因になりかねないので避けましょう。

## 引数の区切りが半角スペースでよりわかる

### ◉「,」の後ろに半角スペースあり

shutil.copy('プロジェクト¥¥企画書.pptx', '保管¥¥backup20200125')

・・・企画書.pptx', '保管¥¥b・・・

半角スペースあり

```
shutil.copy('プロジェクト¥¥企画書.pptx', '保管¥¥backup20200125')
```

### ◉「,」の後ろに半角スペースなし

shutil.copy('プロジェクト¥¥企画書.pptx','保管¥¥backup20200125')

・・・企画書.pptx','保管¥¥b・・・

半角スペースなし

```
shutil.copy('プロジェクト¥¥企画書.pptx','保管¥¥backup20200125')
```

Chapter 06

# 段階的な作成は命令文ごとのPDCAサイクルの積み重ね

## 命令文ごとにPDCAサイクルを回す

Pythonに限らず、プログラミングの作業の流れは、PDCAサイクルと言えます。処理手順を考え（Plan）、その命令文のコードを記述し（Do）、動作確認（Check）します。動作確認の結果、意図通りの実行結果が得られたら、この時点でサイクルはおしまいです。次の命令文へ進みます。

もし、意図通りの実行結果が得られなければ、誤りの箇所を探して発見します（Action）。そして、誤りの内容に応じて処理手順を考え直し（Planに戻る）、コードを修正して（Do）、動作確認（Check）します。再び意図通りの実行結果が得られなければ、得られるまで同様のサイクルを繰り返します。

段階的に作り上げるノウハウでは、このPDCAサイクルを命令文1つずつ回している点が大きなコツです。1つの命令文のPDCAサイクルを回し終えたら、次の命令文に進みます。1つの命令文ごとの小さなPDCAサイクルを積み重ねていくことで、複数の命令文で構成されるプログラムを段階的に作っていきます。

## PDCAサイクルを積み重ねていく

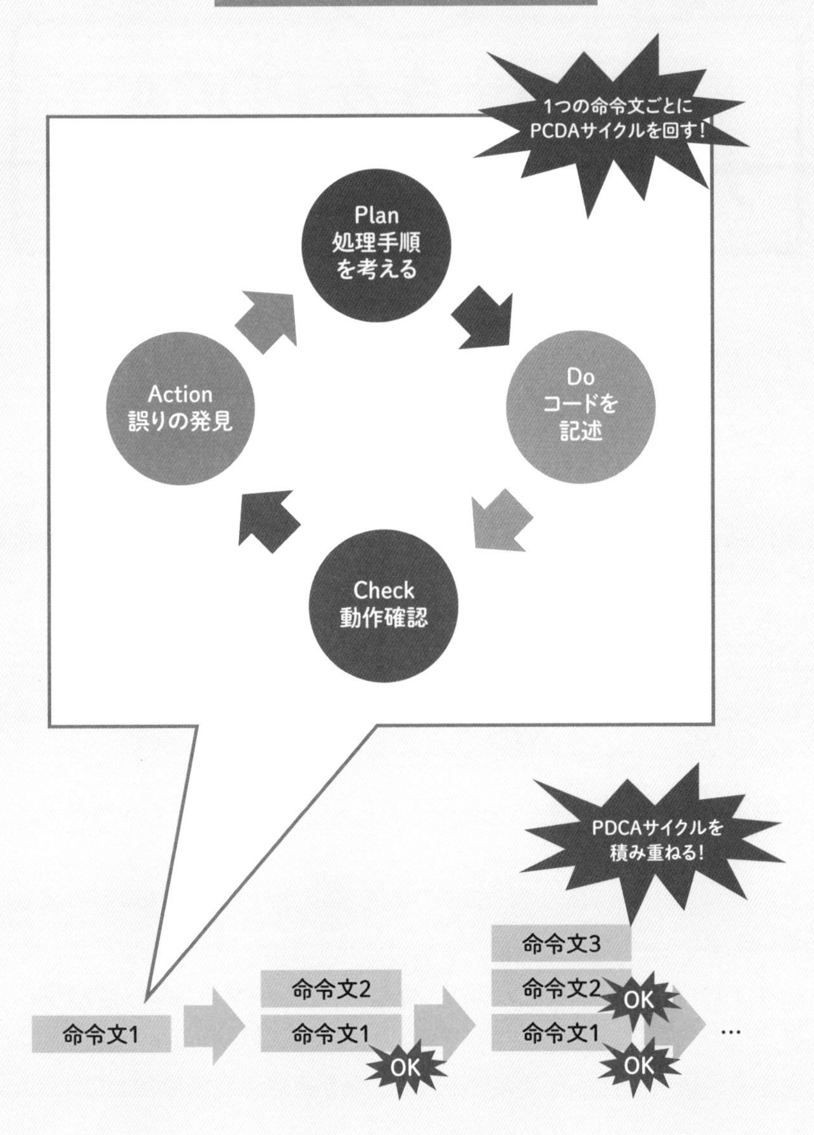

Chapter 06

# 1つの大きなPDCAサイクルを回そうとしない

## こんなPDCAサイクルはダメ！

注意していただきたいのは、「1つの大きなPDCAサイクルを回そうとしない」です。「1つの大きなPDCAサイクル」とは、複数の処理手順をまとめて考え、複数の命令文をすべて一気に書いてから、まとめて動作確認するサイクルになります。

もし、1つの大きなPDCAサイクルを回そうとすると、どうなるでしょう？　Checkの動作確認で意図通りの実行結果が得られなかった場合、初心者はChapter03-06（P62）で解説した通り、誤りを探す範囲が複数の命令文になるため、誤りを発見できず、Actionのところでサイクルが止まってしまうでしょう。また、たとえ発見できてもうまく修正できず、途中で止まってしまうでしょう。すると、その先に進めず、目的のプログラムを完成させられずに終わってしまいます。

そういった事態に陥らないよう、段階的に作り上げるノウハウに従って、複数の小さなPDCAサイクルを積み重ねることが大切なコツです。小さなPDCAサイクルなら、誤りを探す範囲が1つの命令文だけに限定されるため、初心者でも発見しやすくなり、最後まで回し終えられるでしょう。あとはそれを積み重ねて行けば、目的のプログラムを完成させられるでしょう。

## 大きなPDCAサイクルだと途中で止まる

複数の命令文で、1つの大きなPDCAサイクルを
いきなり回そうとすると・・・

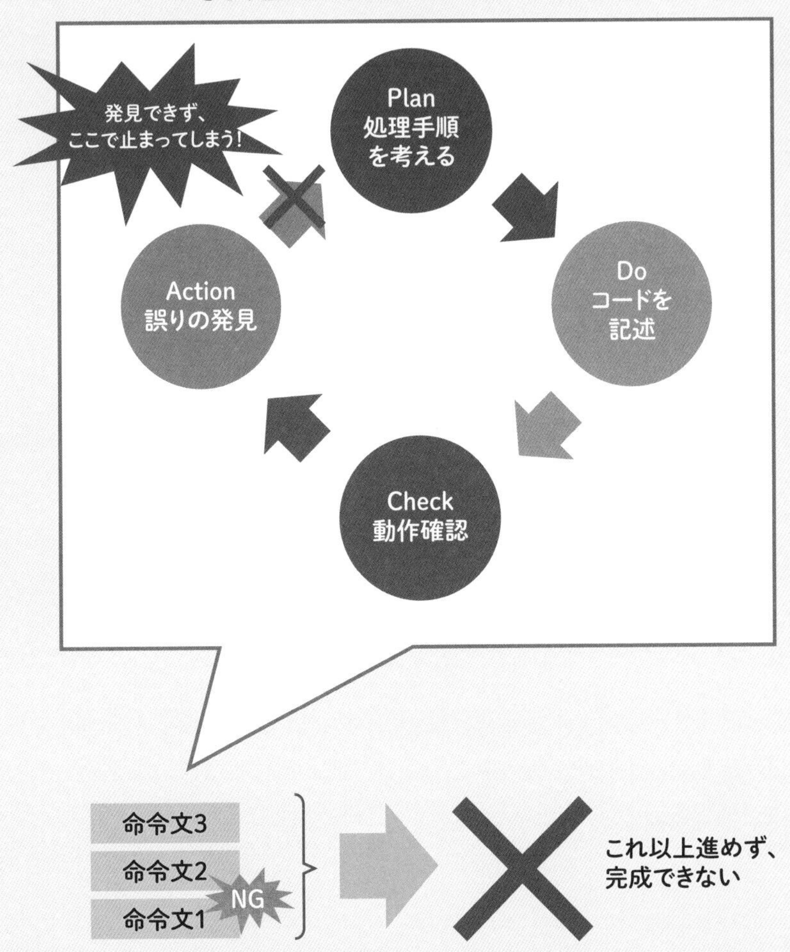

### 効率よく経験を積もう

初心者が処理手順を考えてコードを書いたり、誤りの発見・修正したりすることを何度も行うのは、最初は誰しもなかなか思い通りに進まず、多くの時間と労力を費やすものです。すんなりできるようになるには、ある程度経験を積む必要があります。

段階的に作り上げるノウハウにもとづいた小さなPDCAサイクルの積み重ねなら、ゆっくりかもしれませんが着実に前へ進めるので、費やした時間と労力のぶん、確実に自分の中に経験が蓄積されていきます。一方、同ノウハウを用いず、大きなPDCAサイクルを回そうとすると、誤りを発見できず長時間悩んでしまい、途中で止まってしまいます。そのため、費やした時間と労力の割には、経験がほとんど蓄積されません。

誤りの発見・修正も含め、見本がないオリジナルのプログラムを自力で完成させられるようになるには、ある程度以上の経験を積む必要があります。Pythonを学び始めてすぐに完成させられるようにはなりません。必ず経験を積まなければならないのなら、同ノウハウを有効活用して、効率よく経験を積んでいきましょう。

#### 関数も暗記しなくてOK！

Chapter03-04（P56）では3つ目のツボ「限られた種類の命令文のみで作る」も学びました。本章では、【処理手順1】～【処理手順4】それぞれを命令文に翻訳し、コードを記述しました。その際、Pythonに用意されている関数から必要なものを選び出し使いました。本書では必要な関数は都度提示しましたが、読者のみなさんが自分でオリジナルのプログラムを作る際は、どのような関数を使えばよいのか暗記する必要は全くなく、必要に応じてその都度調べるスタンスで何ら問題ありません。

## 「相対パス」と「絶対パス」

パスはChapter06-06で学んだとおり、ファイルやフォルダーの場所を表す文字列です。その指定方法には、大きく分けて「相対パス」と「絶対パス」の2種類があります。

相対パスは基準となる場所から相対的に指定する方法です。本書サンプル1では、相対パスを採用しています。Chapter06-06などで学んだパスは相対パスになります。

相対パスの基準の場所は、標準ではカレントディレクトリです。厳密にいえば、プログラムが記述されているファイル（Jupyter Notebookを使っているなら拡張子.ipynbファイル）がある場所が基準になります。

Chapter06-06のおさらいになりますが、パスとして単にファイル名やフォルダー名を記述すると、基準の場所（カレントディレクトリ）にあるファイルやフォルダーと見なされます。さらにカレントディレクトリの下の階層のフォルダーなら、「¥」で連結してそのフォルダー名を付けます。

書式

```
フォルダー名¥・・・
```

「¥」はもちろん、Pythonのコードで文字列として指定する際は、2つ重ねて「¥¥」と記述します。たとえばサンプル1で登場した例では、カレントディレクトリにある「保管」フォルダーの中の「backup20200125」フォルダーは「'保管¥¥backup20200125'」と記述しています。

また、基準から上の階層は「..」（半角ピリオド2つ）で表します。たとえば、カレントディレクトリの上の階層にある「hoge」フォルダーなら、「..¥hoge」となります。Pythonのコードでは「'..¥¥hoge'」と記述します。

絶対パスはドライブから絶対的に場所を指定する方法です。ここで言うドライブとは、Windowsの場合はCドライブなどです。書式は以下になります。

書式

```
ドライブ名:¥フォルダー名¥・・・
```

ドライブ名はCドライブなら「C」と記述します。ドライブ名の後ろに半角の「:」と「¥」を記述し、それに続けて、フォルダー名やファイル名を記述します。もちろんコードでは「¥」は重ねて記述します。たとえば、Cドライブの「Users」フォルダーの中の「tatey」フォルダーの中にある「保管」フォルダーなら、「C:¥Users¥tatey¥保管」となります。コードは「'C:¥¥Users¥¥tatey¥¥保管'」と記述します。

また、Chapter04-10節のコラム「カレントディレクトリを確認する方法」でも簡単に触れましたが、エクスプローラーのアドレスバーをクリックすると、その場所が絶対パスの形式で表示されます（P192参照）。

相対パスと絶対パスはどのように使い分ければよいでしょうか？　相対パスはパス文字列がシンプルで短くなるメリットがありますが、初心者は慣れるまで場所が少々わかりづらいでしょう。絶対パスはわかりやすい反面、パス文字列が長くなりがちです。両者は指定しやすさやわかりやすさ、コードの長さなどに応じて使い分けましょう。

**相対パスと絶対パスの違い**

**◉相対パス**

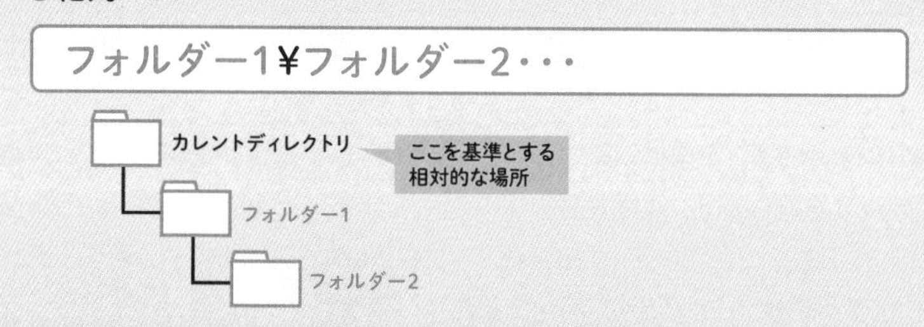


例:カレントディレクトリの中の「保管」フォルダーの中の「backup20200125」フォルダー

保管¥backup20200125

カレントディレクトリ
保管
backup20200125

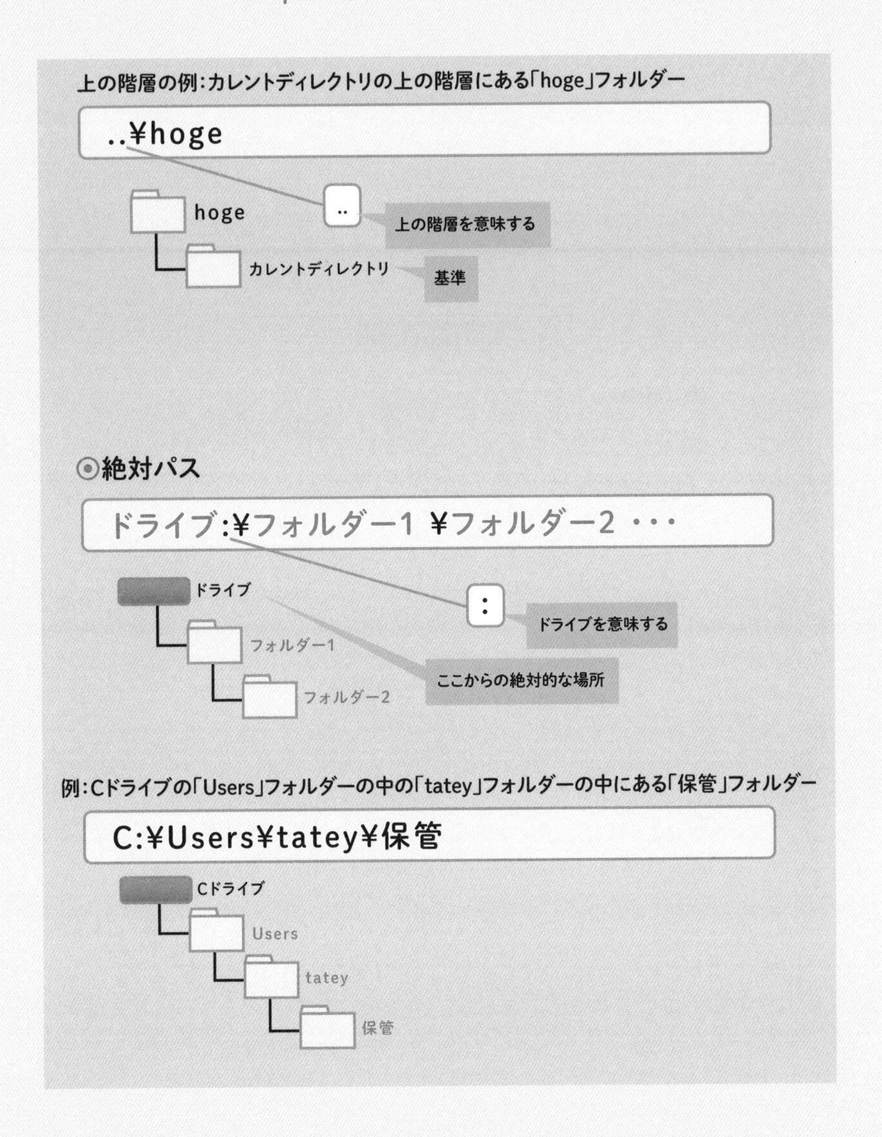
上の階層の例：カレントディレクトリの上の階層にある「hoge」フォルダー
..¥hoge
hoge
..
上の階層を意味する
カレントディレクトリ
基準
◉絶対パス
ドライブ:¥フォルダー1 ¥フォルダー2 ・・・
ドライブ
:
ドライブを意味する
フォルダー1
ここからの絶対的な場所
フォルダー2
例：Cドライブの「Users」フォルダーの中の「tatey」フォルダーの中にある「保管」フォルダー
C:¥Users¥tatey¥保管
Cドライブ
Users
tatey
保管

## エクスプローラーで絶対パスを表示

例：Cドライブの「Users」フォルダーの中の「tatey」フォルダーの中にある「保管」フォルダー

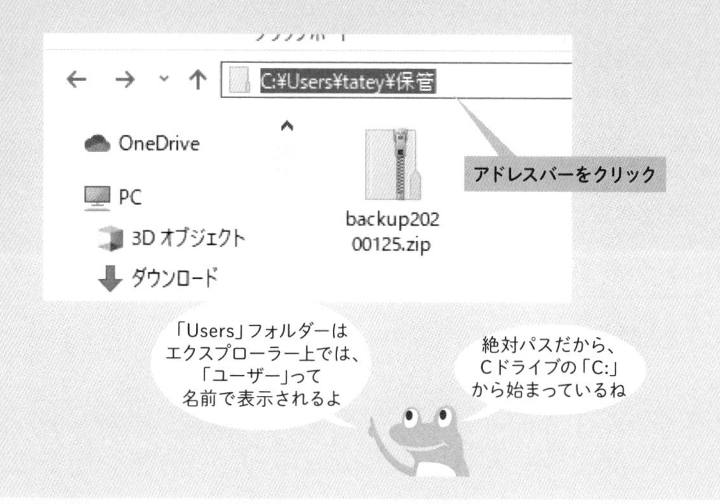

# Chapter 07 いったんコードを整理しよう

Chapter 07

# 「コメント」のキホンを学ぼう

## コードの中に残す“メモ”でより理解しやすく！

サンプル1は前章までに、暫定ながら【処理手順4】まで作成しました。このあとバックアップ用フォルダー名を当日の日付から「backupyyyymmdd」形式にしていく前に、本章にてコードをいったん整理します。機能は一切追加・変更せず、コードがより読みやすく、理解しやすく、かつ、このあとのコード追加・変更作業をより行いやすくなるよう書き換えていきます。

まずは本節と次節にて、「コメント」を書き加えます。コメントとは、コード内に残す“メモ”のような機能です。実行時には無視されるので、日本語も使いつつ自由に記述できます。コメントの内容には、どのような処理なのかなどの説明を補足的に記述します。

コメントを入れる主な目的は、コードを理解しやすくするためです。特に一度完成したあと、機能の追加・変更などでコードを編集する際、コードの内容を理解している必要があることは言うまでもありません。しかし、ある程度時間が経過すると、書いた本人ですら内容を忘れがちです。そこで、コメントが残されていると、コードを思い出して再び理解するのに大きな助けとなるのです。

Pythonでコメントを記述するには「#」を用います。「#」に続けてコメントの内容を記述します。記述の場所のパターンは独立した行、およびコードと同じ行の2種類です。

## コードにはコメントを入れよう

### ◉コメントのメリット

完成後、機能の追加・変更のためにコードを編集することになった

コメントがあると・・・

あれっ!?　この
コードはなん
だったっけ?

コメントのおか
げで、スグわかっ
たぞ!

### ◉コメントの書式

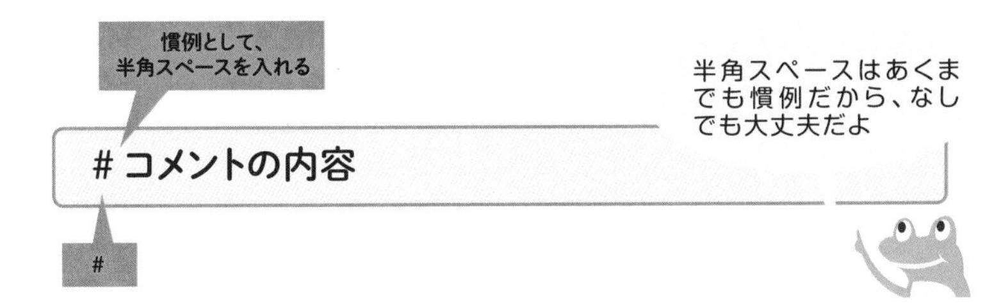


### ◉コメントの記述場所は2パターン

【パターン1】独立した行に記述

```
# コメント
print('こんにちは')
```

コメントは青緑色の斜体
の文字で表示されるよ

【パターン2】コードと同じ行に記述

```
print('こんにちは')  # コメント
```

慣例として、#の前は半角ス
ペース2つぶん空けるよ。
なしでも大丈夫だよ

Chapter 07

# サンプル1のコードにコメントを入れよう

## どこにどんなコメントを入れる？

コメントの書き方のキホンを身に着けたところで、実際にサンプル1のコードにコメントを入れてみましょう。

現状のコードは空の行を除くと6行あります。そのうち最初の2行はosモジュールとshutilモジュールを読み込むimport文です。この2行には今回、コメントは入れないとします（理由は後ほど本節の最後に説明します）。

ここでは、残りの4行のコードにコメントを入れるとします。これら4行は【処理手順1】～【処理手順4】のコードであり、何かしらの関数を実行して、フォルダー作成など実際に目に見えるかたちで処理が行われているコードです。それぞれどのような処理なのか、コメントを入れるとします。

各コードのコメントの内容ですが、まさにChapter06-03で考えた【処理手順1】～【処理手順4】の内容が、どのような処理なのかを端的に表しているでしょう。

**【処理手順1】バックアップ用フォルダー作成**

**【処理手順2】対象ファイルをコピー**

**【処理手順3】バックアップ用フォルダーをZIP圧縮**

**【処理手順4】バックアップ用フォルダー削除**

今回はこれらをそのままコメントに用いるとします。記述の場所のパターンは独立した行とします。同じ行でも構わないのですが、全体が横に長くなりすぎてしまうこともあり、今回は独立した行に入れるとします。

## 実際にコメントを入れてみよう

それでは、Jupyter Notebookにて、サンプル1のコードにコメントを次のように追加で記述してください。慣例に従い、「#」の後ろに半角スペースを1つ入れるとします。また、【処理手順1】～【処理手順4】の間には空の行を挿入するとします。

追加前

```
import os
import shutil


os.makedirs('保管¥¥backup20200125')
shutil.copy('プロジェクト¥¥企画書.pptx', '保管¥¥backup20200125')
shutil.make_archive('保管¥¥backup20200125', 'zip', '保管¥¥backup20200125')
shutil.rmtree('保管¥¥backup20200125')
```

追加後

```
import os
import shutil
```

```
#バックアップ用フォルダー作成
os.makedirs('保管¥¥backup20200125')
```
空の行を挿入
```
#対象ファイルをコピー
shutil.copy('プロジェクト¥¥企画書.pptx', '保管¥¥backup20200125')
```
空の行を挿入
```
#バックアップ用フォルダーをZIP圧縮
shutil.make_archive('保管¥¥backup20200125', 'zip', '保管¥¥backup20200125')
```
空の行を挿入
```
#バックアップ用フォルダー削除
shutil.rmtree('保管¥¥backup20200125')
```

コメントを入れ終わった状態でのJupyter Notebookの画面です。コメントはJupyter Notebookの機能によって、自動で青緑色の斜体の文字で表示されます。コメントを入れる前に比べ、どのような処理がどのような流れで行われているのか、より読みやすく理解しやすくなったことが実感できるでしょう。

### コメントを入れたコード

```
In [1]: import os
        import shutil

        # バックアップ用フォルダー作成
        os.makedirs('保管¥¥backup20200125')

        # 対象ファイルをコピー
        shutil.copy('プロジェクト¥¥企画書.pptx', '保管¥¥backup20200125')

        # バックアップ用フォルダーをZIP圧縮
        shutil.make_archive('保管¥¥backup20200125', 'zip', '保管¥¥backup20200125')

        # バックアップ用フォルダー削除
        shutil.rmtree('保管¥¥backup20200125')
```

本節で行ったコメントの追記は、前節の冒頭でも述べたようにコード整理の一環であり、処理の部分のコードは何ら追加・変更・削除していません。つまり、機能は追記前と全く変わらず、実行結果も変わりません。特にコメントは前述のとおり実行時には無視されるので、プログラムの動作には一切影響ありません。

とはいえ、何かしらコードに手を加えたら、動作確認しておくとベターです。機能の追加・変更・削除を行っていなくても、それならちゃんと以前と同じ実行結果が得られるのか、タイプミスなどでエラーは起きないかなど、コードに少しでも手を加えたのなら、念のため動作確認しておくことをオススメします（今回は動作確認は割愛します）。

なお、「#」の後ろの半角スペースはなしでも、2つ以上入れても、または全角で書いてもエラーにはなりません。あくまでも慣例であり、体裁はあまりこだわりすぎなくとも、自分が見やすく理解しやすく、さらには他のコードと統一性があれば問題ありません。逆にいえば、特にこだわりがなければ、慣例に従うのがラクです。

## import文にコメントを入れない理由

2つのimport文にコメントは入れなかったのは、コードを読めばどのような処理なのか、コメントがなくてもすぐわかるからです。一般的にimport文はよほど特殊なモジュールを読み込むコードでない限り、コメントは入れません。

もちろん入れる入れないは最終的には個人の好みですが、コメントの数が多すぎたり、一つ一つのコメントの文字量が多すぎたりすると、逆に見た目がゴチャゴチャしています。コードがコメントの中に埋もれてしまうなど見づらくなり、かえって読み解きにくくなってしまいます。

そのような事態を避けるよう、コメントは必要箇所のみ簡潔に入れるのがベストです。どこに入れるかは通常は以下を基準にするとよいでしょう。

**①コードだけではわからない情報**
**②ポイントとなる処理**

①はコードを読んだだけでは、処理の内容や意図などが理解できない内容を補足的に書くコメントです。処理の役割や目的、処理手順のポイントや注意点などをコメントとして残しておき、コードを読んだ際に理解できるよう助けます。なぜ理解できるとよいのかは、前節で学んだように、完成後に機能の追加・変更であとからコードを編集する際に欠かせないからです。

②は読めば処理の内容や意図などがわかるコードですが、処理の大きな流れやプログラムの大まかな構造を把握可能とするなどの狙いで、あえて入れるコメントです。本節でサンプル1に入れたコメントは②に該当します。

## 空の行を入れる理由

また、本節ではコメントを独立した行で入れる際、空の行も入れました。もし空の行がないと、次の画面のように、コメントも含めて計8行のコードが連なり、全体的に詰まり気味になるなどの理由で見づらくなるからです。

## 空の行を入れない場合のコード

```
In [1]: import os
        import shutil

        # バックアップ用フォルダー作成
        os.makedirs('保管¥¥backup20200125')
        # 対象ファイルをコピー
        shutil.copy('プロジェクト¥¥企画書.pptx', '保管¥¥backup20200125')
        # バックアップ用フォルダーをZIP圧縮
        shutil.make_archive('保管¥¥backup20200125', 'zip', '保管¥¥backup20200125')
        # バックアップ用フォルダー削除
        shutil.rmtree('保管¥¥backup20200125')
```

空の行がないと
見づらいなぁ

Chapter 07

# コードの重複を解消しておこう

## 「変数」を利用して重複を解消

サンプル1はコメントを入れ終え、次はいよいよ当初の仕様通り、バックアップ用フォルダー名を暫定ではなく、当日の日付から「backupyyyymmdd」となるようコードを発展させていきます。

現状のコードでは、バックアップ用フォルダー名は「'保管¥¥backup20200125'」と文字列のかたちで、os.makedirs関数などの引数に指定しています。フォルダー名は暫定的な「backup20200125」であり、親フォルダーは「保管」です。

目的のフォルダー名にするには、「20200125」の部分を固定ではなく、現在の日付に応じたyyyymmdd形式の文字列にしなければなりません。たとえば、現在の日付が2020年2月4日なら「20200204」になります。そして、os.makedirs関数などの引数には、決まっている部分の「backup」を前に付け、さらにその前に親フォルダーの「保管」とパス区切り文字「¥¥」も前に付けて、「'保管¥¥backup20200204'」とフォルダー名を組み立てるよう、コードを追加・変更する必要があります。

さて、「'保管¥¥backup20200125'」という記述はコード全体を眺めると、図の通り計5箇所あります。言い換えると、5箇所重複していることになります。それら5箇所すべてに、現在の日付からフォルダー名を組み立てて指定するようコードを追加・変更するとなると、多くの手間がかかるのはもちろん、同じコードを5箇所に重複して記述することになりとても非効率的です。それにコードの見た目もゴチャゴチャしてしまうでしょう。

そこで、目的の処理を作る前に、これらコードの重複を解消しておきます。機能は追加・変更せず、重複を解消するよう、あらかじめコードを整理します。その手段として、「変数」という仕組みを用います。次節にて、変数のキホンを学びます。

### サンプル1におけるコードの重複

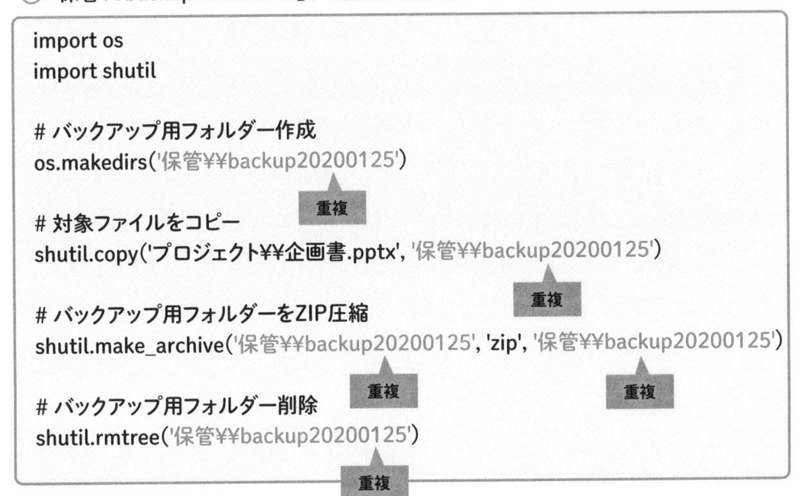


```
import os
import shutil

# バックアップ用フォルダー作成
os.makedirs('保管¥¥backup20200125')

# 対象ファイルをコピー
shutil.copy('プロジェクト¥¥企画書.pptx', '保管¥¥backup20200125')

# バックアップ用フォルダーをZIP圧縮
shutil.make_archive('保管¥¥backup20200125', 'zip', '保管¥¥backup20200125')

# バックアップ用フォルダー削除
shutil.rmtree('保管¥¥backup20200125')
```

当日の日付から名前を組み立てる処理を、5箇所のすべてに書くのは非効率すぎ!

先に重複を解消しておけば、書くのは1箇所だけで済むね!

Chapter 07

# 「変数」のキホン

## 変数は「データを入れる“ハコ”」

まずは「変数」のキホンを解説します。全体的なイメージだけ把握できればOKです。具体的なコードの書き方は次節で解説します。

変数は一言で表すなら「データを入れる“ハコ”」です。数値や文字列といった値（データ）を入れて処理に使います。

変数は名前を付けて使います。複数の変数を同時に使えるようになっており、おのおのの変数を区別するために、一つ一つに名前を付けるのです。変数の名前は専門用語で「変数名」と呼ばれます。

変数名は原則、自由に付けてOKです。ただし、既にある変数と同じ名前は付けられません。さらにPythonのルール（P211参照）で、付けられない変数名が他にあります。

変数名を決めた後、コードにその変数名を書きます。これで、その名前の“ハコ”――変数が用意されます。中に値を入れるには、そのためのコードを記述します（書式や具体例は次節で解説します）。変数に値を入れることは専門用語で「代入」と呼ばれます。

値を一度変数に代入したら、以降はその変数名を記述すれば、中の値を取り出して処理に使えます。そして、その変数の値を変更したければ、変更したい値を新たに代入するコードを記述します。

## 変数の仕組み使い方のイメージ

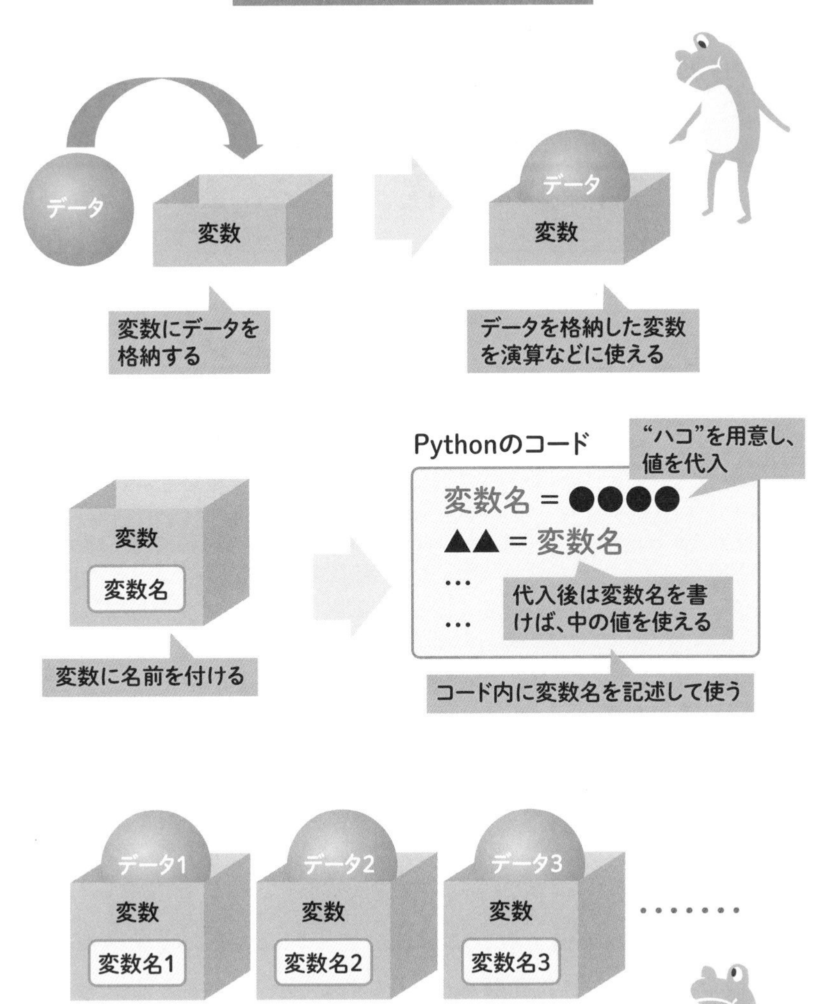


各変数に異なる変数名を付けて、
それぞれデータを格納できる

Chapter 07

# 変数のコードの書き方のキホンを学ぼう

## 「=」で値を代入。変数名を書けば値を使える

変数の仕組みや使い方のイメージをつかんだところで、Pythonで変数のコードを記述するための基本的な文法・ルールを学びましょう。

最初に、どのような名前の変数にするのか、変数名を決めます。そして、その変数名をコードに記述します。これで、その名前の"ハコ"——変数が用意されて使えるようになります。

変数名を記述しただけでは中身は空っぽなので、値を代入します。代入は「=」(半角のイコール)で行います。図の【書式1】のとおり、変数名に続けて、「=」と目的の値を記述します。たとえば「hoge」という名前の変数を用意し、数値の10という値を代入するには、「hoge = 10」(図のコード1)と記述します。

変数に入っている値を以降の処理で使うには、その変数名を記述します(図【書式2】)。変数名を記述することで、中の値を取得できます。たとえば、先ほどの変数hogeの値をprint関数で出力するには、「print(hoge)」(図のコード2)と記述します。実行すると変数hogeの値である10が出力されます。

変数hogeの値を20に変更したければ、20を代入するコード「hoge = 20」(図のコード3)を記述します。実行すると、変数hogeの値が20に上書きされて変更されます。

## 変数のコードのキホンはこのパターン

Chapter 07

# 変数を体験してみよう

##  変数に値を代入し、出力してみよう

変数の書き方のキホンを学んだところで、一度体験してみましょう。サンプル1とは別に練習用のプログラムとして、いくつか簡単なコードを記述して実行します。Jupyter Notebook上では、今までサンプル1のコードを書いてきたセルではなく、その下のセルに入力します。

ここでは、前節で挙げた例をそのまま体験してみましょう。変数hogeを用意し、数値の10を代入するコード「hoge = 10」を記述してください。その下の行に、変数hogeの値をprint関数で出力するコード「print(hoge)」も記述してください。

```
hoge = 10
print(hoge)
```

代入の「=」の両側には半角スペースを入れましょう。引数の「,」の後ろと同じく、なしでも構いませんが、コードを見やすくするために入れることをオススメします。

## 練習用コードを下のセルに入力

サンプル1のコード

```
In [1]: import os
        import shutil

        # バックアップ用フォルダー作成
        os.makedirs('保管¥¥backup20200125')

        # 対象ファイルをコピー
        shutil.copy('プロジェクト¥¥企画書.pptx', '保管¥¥backup20200125')

        # バックアップ用フォルダーをZIP圧縮
        shutil.make_archive('保管¥¥backup20200125', 'zip', '保管¥¥backup20200125')

        # バックアップ用フォルダー削除
        shutil.rmtree('保管¥¥backup20200125')
```

```
In [ ]: hoge = 10
        print(hoge)
```

練習用コード

入力できたら実行してください。すると、変数hogeの値である数値の10が出力されます。

## 練習用コードの実行結果

```
In [2]: hoge = 10
        print(hoge)

        10
```

## 変数に代入する値を変更してみよう

次は、変数hogeに代入する値を20に変更してみましょう。1行のコードを次のように変更してください。

変更前

```
hoge = 10
print(hoge)
```

変更後

```
hoge = 20
print(hoge)
```

変更できたら実行してください。すると、20が出力されます。

**変更した値の20が出力された**

```
In [5]:  hoge = 20
          print(hoge)

          20
```

2行目のコードは「print(hoge)」で変更していませんが、1行目のコードで変数hogeに代入する値を10から20に変えたことで、「print(hoge)」で出力される値が20に変わりました。同じコードでも、変数の値を変えることで、実行結果が変わりました。

以上が変数の体験です。もっとも、これが一体何の役に立つのか、この時点では読者のみなさんのほとんどは、いまいちピンとこないでしょう。次節から次章にかけて、サンプル1のプログラムの中で実際に変数を使い、具体的に何の役に立つのかを順に解説していきます。本節の時点では、変数のキホンを体験さえできれば十分です。

## こんな変数名は付けられない

変数名は基本的に自由に付けられますが、基本的には、以下に該当するとルールに反し、エラーになります。

・Pythonであらかじめ決められているキーワードと同じ名前
・「_」(アンダースコア)以外の記号が使われている
・数字から始まる
・既にある変数と同じ名前

1つ目のルールのキーワードとは、たとえばimportです。たとえば「import = 10」などと書いたら、実行するとエラーになります。また、printのような関数と同じ名前を変数に付けると、エラーにはなりませんが、代入した際に関数が上書きされ必ず壊れてしまうので避けましょう。

また、ひらがなやカタカナ、漢字、全角英数字も使えないこともないのですが、無用なトラブルの元になりかねないので、使わないようにしてください。

記号で使えるのは「_」のみです。数字は変数名の先頭以外なら使うことができます。また、既にある変数と同じ名前も付けられません。

これら変数名のルールはいわゆる知識であり、すべて今すぐおぼえる必要はありません。最初の頃はついうっかりルールに反してエラーを出してしまうかもしれませんが、その都度修正すれば問題ないので、ある程度時間をかけて自然におぼえるぐらいのスタンスで構いません。

Chapter 07

# 変数をどう使ってコードの重複を解消する？

## 重複するコードを変数に入れて置き換える

そもそもChapter07-04から前節にかけて変数を学んだのは、サンプル1のコードの重複を解消するためでした。重複しているコードはChapter07-03で挙げたように文字列の「'保管¥¥backup20200125'」であり、5箇所あるのでした。これらの重複を解消するのに、変数をどう使うのでしょうか？

まずは重複しているコード「'保管¥¥backup20200125'」を変数に代入します。以降はその変数名を書けば、変数の値として文字列の「'保管¥¥backup20200125'」を使えるようになります。そして、今まで「'保管¥¥backup20200125'」と記述していた5箇所すべてをその変数に置き換えます。

これで、「'保管¥¥backup20200125'」が登場するのは、最初に変数へ代入するコードの1箇所のみになります。今まで5箇所に重複していたコードが1箇所のみになり、重複が解消されるのです。

大切なのは、変数に「'保管¥¥backup20200125'」を代入する処理を先に行うことです。そうしないと、「'保管¥¥backup20200125'」を変数に置き換えた5箇所では、変数に値が何も入っていない状態になってしまうからです。

## 重複コードを変数に代入し、以降は置き換え

5箇所の「'保管¥¥backup20200125'」をすべて変数に置き換え

import os<br>
import shutil

\# バックアップ用フォルダー作成<br>
os.makedirs(~~'保管¥¥b~~ 変数 ~~200125'~~)

\# 対象ファイルをコピー<br>
shutil.copy('プロジェクト¥¥企画書.pptx', ~~'保管¥¥b~~ 変数 ~~200125'~~)

\# バックアップ用フォルダーをZIP圧縮<br>
shutil.make_archive(~~'保管¥¥b~~ 変数 ~~200125'~~, 'zip', ~~'保管¥¥ba~~ 変数 ~~00125'~~)

\# バックアップ用フォルダー削除<br>
shutil.rmtree(~~'保管¥¥b~~ 変数 ~~200125'~~)

Chapter 07

# 重複する文字列を変数にまとめよう

## まずはまとめたい値を変数に入れる

では、前節で考えた方法に従い、サンプル1にてコード「'保管¥¥backup20200125'」の重複を解消しましょう。

変数名は何でもよいのですが、今回は「bak_path」とします。「bak」は「backup」の省略形としてよく用いられる語句です。「path」はそのままパスの英語であり、両者を「_」で連結し変数名としました。

まずは変数bak_pathに文字列の「'保管¥¥backup20200125'」を代入するコードを追加します。代入のコードは「=」を使い、「変数名 = 値」の書式でした。変数名は「bak_path」、値は「'保管¥¥backup20200125'」です。したがって、目的のコードは以下とわかります。

```
bak_path = '保管¥¥backup20200125'
```

この代入のコードはどこ追加すればよいでしょうか？　変数bak_pathはこのあと、バックアップ用フォルダー作成のコード「os.makedirs(bak_path)」をはじめとする一連の処理（Chapter06で記述した【処理手順1】～【処理手順4】のコード）にて、文字列「'保管

¥¥backup20200125'」を置き換えていくのでした。該当箇所は前節で確認したとおり5箇所あるのでした。

同じく前節で学んだとおり、上記代入のコードはその5箇所よりも前に実行する必要があります。よって、バックアップ用フォルダー作成の【処理手順1】のコードよりも上の行に書く必要があります。

では、Jupyter Notebookでサンプル1のコードのセルにて、上記代入のコードを次のように追加してください。import文のすぐあとに挿入することになります。今回はコードをより見やすくするよう、前後に空の行を設けるとします。

追加前

```
import os
import shutil

# バックアップ用フォルダー作成
os.makedirs('保管¥¥backup20200125')
        :
        :
```

追加後

```
import os
import shutil

bak_path = '保管¥¥backup20200125'

# バックアップ用フォルダー作成
os.makedirs('保管¥¥backup20200125')
        :
        :
```

##  変数の入力にも補完機能が使える

変数bak_pathに「'保管¥¥backup20200125'」を代入するコードを追加できたら、次の作業として、以降5箇所にある「'保管¥¥backup20200125'」を変数bak_pathに置き換えていきます。

まずは1箇所目として、バックアップ用フォルダーを作成するos.makedirs関数の引数を以下のように置き換えるべく、コードを変更します。お手元のコードはまだ変更しないでください。

**変更前**

```
    :
    :
# バックアップ用フォルダー作成
os.makedirs('保管¥¥backup20200125')
    :
    :
```

**変更後**

```
    :
    :
# バックアップ用フォルダー作成
os.makedirs(bak_path)
    :
    :
```

これからこのようにコードを書き換えていくのですが、変数bak_pathの入力はJupyter Notebookの補完機能を使うと非常に効率的です。まずはos.makedirs関数のカッコ内に引数として指定している「'保管¥¥backup20200125'」を削除し、下記の状態にしてください。

```
os.makedirs()
```

もし、誤って削除してはいけない部分まで削除してしまったら、Ctrl＋Zキーで元に戻すことできます。

削除できたら、カッコ内でカーソルが点滅している状態で、Tabキーを押してください。ポップアップで表示されるリストの中に、変数bak_pathがあるのでクリックしてください。

**補完機能で変数をリストから入力**

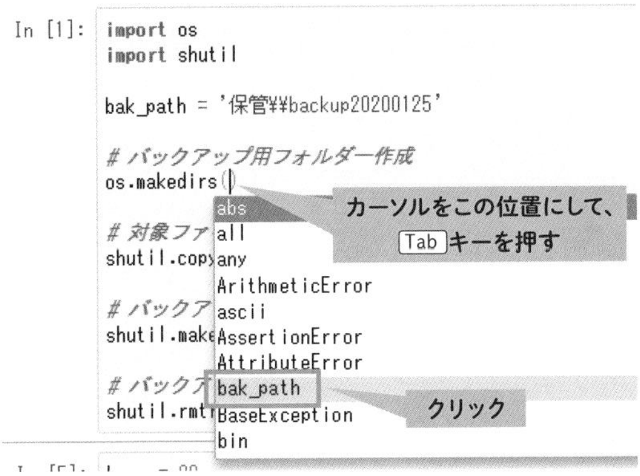

```
In [1]: import os
        import shutil

        bak_path = '保管¥¥backup20200125'

        # バックアップ用フォルダー作成
        os.makedirs()
        # 対象ファ  abs
        shutil.copy all
                    any
        # バックア  ArithmeticError
        shutil.make ascii
                    AssertionError
        # バックア  AttributeError
        shutil.rmt  bak_path
                    BaseException
                    bin
```

カーソルをこの位置にして、Tabキーを押す

クリック

これで変数bak_pathが入力されます。

**変数をワンクリックで入力できた！**

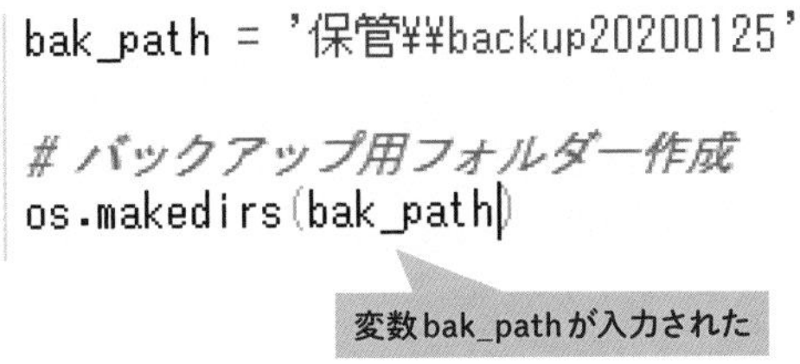

```
bak_path = '保管¥¥backup20200125'

# バックアップ用フォルダー作成
os.makedirs(bak_path)
```

変数bak_pathが入力された

このようにJupyter Notebookの補完機能は変数にも使えます。自分で決めた名前の変数でも、ちゃんとリストから入力できるのです。同じセル内で、一度書いたことがある変数なら、以降は変数名をフルスペルで入力したりコピー＆貼り付けしたりしなくとも、補完機能によって素早く簡単に入力できます。

このことは入力の手間と時間を大幅に減らせるだけでなく、変数のスペルミスを防げることが非常に大きいメリットです。スペルミスをすると、別の名前の変数が新たに追加されたと見なされます。まったく別の変数が新たに加わることになり、プログラムの動作がおかしくなってしまいます。そのような事態を避けるためにも、補完機能をぜひとも活用しましょう。

また、入力の際はもちろん、関数名などの補完と同じく、リストが表示されている状態で、変数名の最初の何文字かを入力すると、リストの項目を絞り込めます。もしくは、変数名の最初の何文字かを入力してから Tab キーを押してリストを表示しても、同様に絞り込めます。

## 残りの重複箇所も変数に置き換えよう

あと残っている「'保管¥¥backup20200125'」は4箇所です。同様に変数bak_pathにすべて置き換えてください。補完機能はもちろん、コピー＆貼り付けも併用するとよいでしょう。

変更前

```
    :
    :
#対象ファイルをコピー
shutil.copy('プロジェクト¥¥企画書.pptx', '保管¥¥backup20200125')
```

```
#バックアップ用フォルダーをZIP圧縮
shutil.make_archive('保管¥¥backup20200125', 'zip', '保管¥¥backup20200125')

#バックアップ用フォルダー削除
shutil.rmtree('保管¥¥backup20200125')
```

変更後

```
        :
        :
# 対象ファイルをコピー
shutil.copy('プロジェクト¥¥企画書.pptx', bak_path)

# バックアップ用フォルダーをZIP圧縮
shutil.make_archive(bak_path, 'zip', bak_path)

# バックアップ用フォルダー削除
shutil.rmtree(bak_path)
```

すべて変更できたら、動作確認しましょう。機能は一切追加・変更しておらず、コードの重複解消という整理を行っただけなので、得られる実行結果は全く変わりません。しかし、何か所もコードを書き換えており、その書き換えが間違いなくできたかを確かめる意味で、書き換え前と同じ実行結果がちゃんと得られるか、必ず動作確認しておきましょう。より万全を期すなら、1箇所置き換える度に動作確認すべきですが、今回は割愛し、まとめて動作確認するとします。

なお、Jupyter Notebookには置換機能もありますが、一括でしか置換できず、今回の書き換えのパターンには向かないので利用しませんでした。他のパターンの書き換えなら有用なケースも多々あるので、適宜活用するとよいでしょう。使い方などは本節末コラムで簡単に紹介します。

## 結局、「bak_path」が重複しているのでは？

本節では、計5つあった「'保管¥¥backup20200125'」を変数でまとめ、コードの重複を解消しました。ここで一度、現在のコードを眺めると、変数bak_pathが計6箇所に記述されています。「今度は『bak_path』が重複しているよね？　しかも前より1箇所増えてる！」と思った読者の方も少なくないでしょう。

そもそもコードの重複を解消しようとしたのは、Chapter07-03で解説したように、このあと暫定のフォルダー名「backup20200125」の「20200125」の部分を、現在の日付に応じたyyyymmdd形式の文字列にするようコードを追加・変更していく作業のためでした。それに際して、「'保管¥¥backup20200125'」が5箇所あると、そのコードをそれぞれに追加・変更しなければならず非効率的なので、先に重複を解消し、追加・変更は1箇所だけで済むようにしたのが目的でした。

その観点で現在のコードを改めて見ると、「'保管¥¥backup20200125'」は1箇所だけにまとめられており、現在の日付に応じたフォルダー名にするコードはこの1箇所だけに追加・変更すれば済みます。計6箇所ある「bak_path」の部分は追加・変更が一切不要です。それゆえ、効率的に作業できるよう整理できています。

このようにコードの重複解消の本質は、同じ記述がいくつあるかではなく、あとで機能の追加・変更が必要となった場合、その対応のためにコードを追加・変更しなければならない箇所がいくつあるか、なのです。ベストは今回のように、1箇所のみ追加・変更すれば

OKとなるよう整理することです。

**重複解消の本質は、追加・変更箇所の最小化**

確かに「bak_path」が
6箇所で重複しているけど・・・

```
import os
import shutil

bak_path = '保管¥¥backup20200125'

# バックアップ用フォルダー作成
os.makedirs(bak_path)

# 対象ファイルをコピー
shutil.copy('プロジェクト¥¥企画書.pptx', bak_path)

# バックアップ用フォルダーをZIP圧縮
shutil.make_archive(bak_path, 'zip', bak_path)

# バックアップ用フォルダー削除
shutil.rmtree(bak_path)
```

ここだけ！

現在の日付に応じたフォルダー名にするコードに書き換えればいいのは、この1箇所だけになったね！

## Jupyter Notebookの置換機能

Jupyter Notebookは置換機能を備えています。検索機能も兼ねています。メニューバーの［Edit］→［Find and Replace］をクリックすると、検索・置換のダイアログが開きます。一番上のボックスに置換前の語句（検索キーワード）を入力します。すると、マッチする行のコードが一覧表示され、該当箇所が赤でハイライトされます。

その下のボックスには置換後の語句を入力します。すると、該当箇所のすぐ右側に、その語句が緑でハイライトされて表示されます。右下の［Replace All］をクリックすると、すべて一括置換されます。

### 検索・置換ダイアログの使用例

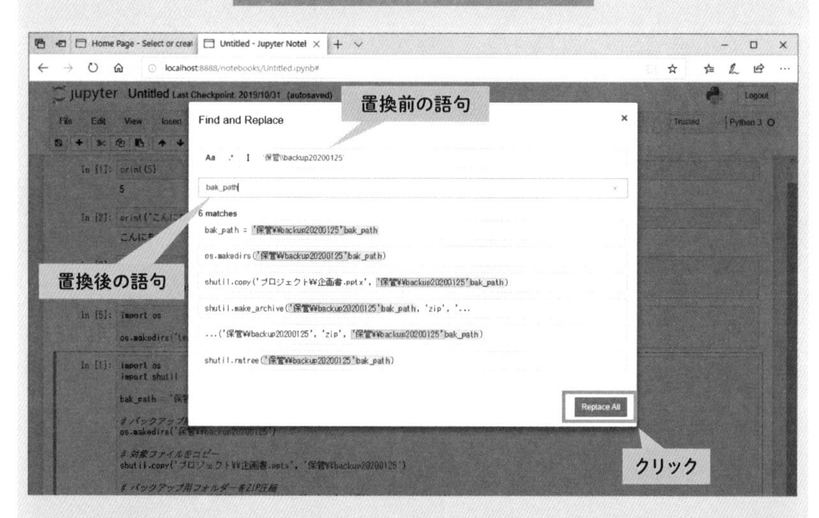


一括置換である点に注意してください。たとえば上記画面では、本節で「bak_path = '保管¥¥backup20200125'」を追加した直後のコードにて、置換前の語句に「'保管¥¥backup20200125'」(「¥」はバックスラッシュ「\」で表示されます)、置換後の語句に「bak_path」を入力しています。マッチするコードの一番上では、「bak_path = '保管¥¥backup20200125'」の中の「'保管¥¥backup20200125'」まで「bak_path」に置換しようとしているため、もし置換すると「bak_path = bak_path」になり、コードがおかしくなってしまいます。もし意図しない置換をしてしまったら、Ctrl＋Zキーで元に戻しましょう。

Chapter

# 08

↓

# サンプル1を完成させよう

Chapter 08

# 当日の日付のフォルダー名にするにはどうすればいい？

## 処理を大まかに考えよう

本章ではサンプル1にて、バックアップ用フォルダーの名前を暫定の「backup20200125」ではなく、「20200125」の部分を当日（現在）の日付から組み立てるようにします。最初に本節で、どのような処理にすればよいのか、大まかに考えましょう。

暫定のバックアップ用フォルダー名「backup20200125」は現在、親フォルダー「保管」のパスとあわせた文字列「保管¥¥backup20200125」として、変数bak_pathに代入して処理に用いています。まずはこの文字列を決まっている部分「保管¥¥backup」と、暫定の部分「20200125」に分割します。後者が日付に応じて変化させたい部分です。

当日の日付はそのための関数が用意されているので、それで取得します。そして、得られた当日の日付をyyyymmdd形式の文字列に変換します。その変換もそれ用の関数で行えます。yyyymmdd形式の文字列が得られたら、分割した後半の部分「20200125」に置き換えます。処理としては、分割した前半の「保管¥¥backup」の後ろに、yyyymmdd形式の文字列を連結するかたちになります。

以上が大まかな処理の流れと仕組みです。各関数および文字列連結は次節以降で適宜解説します。

## 当日の日付のフォルダー名にする処理

### ◉処理の大まかな流れと仕組み

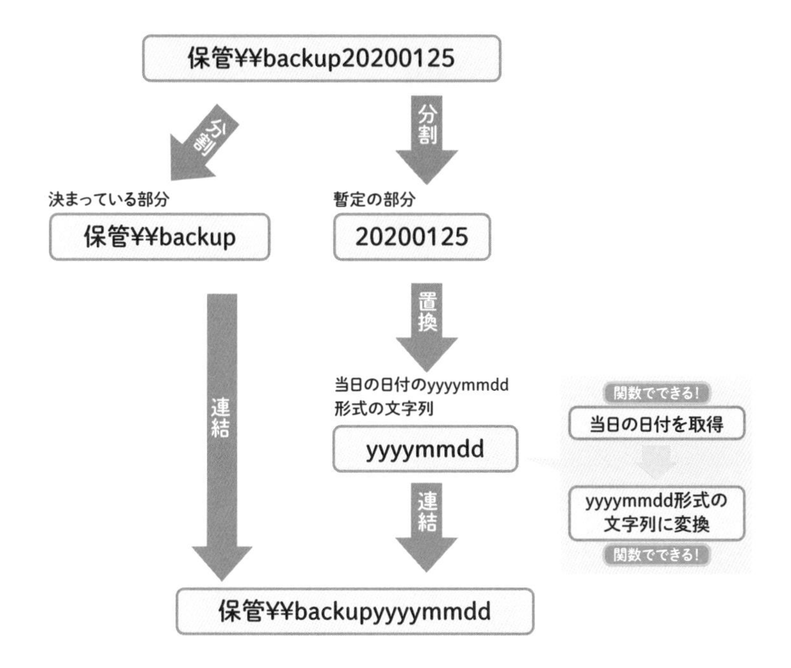


### ◉yyyymmdd形式の詳細

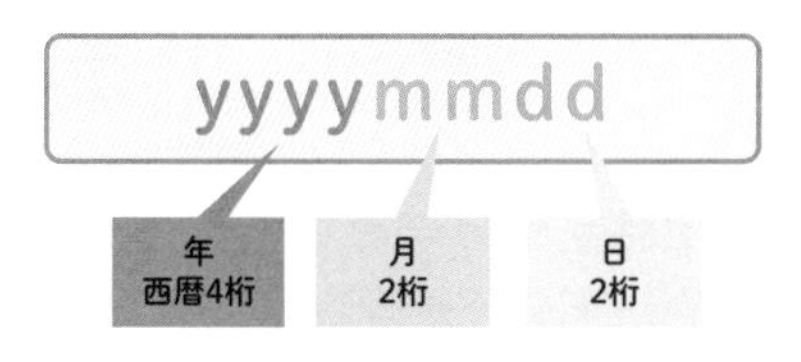


例:2020年1月25日　→　20200125

2桁の月や日とは、元の日や月が1桁なら前を0で埋める形式だよ。

例:4月　→　04
　　2日　→　02

この形式に関数ひとつで変換できるよ

Chapter 08

# 文字列を連結する方法を学ぼう

## 文字列は「+」演算子で連結

前節では、バックアップ用フォルダー名を当日の日付から組み立てる処理を大まかに考えました。そのコードを書く前に必要な知識として、本節からChapter08-05にかけて順に、文字列を連結する方法、当日の日付を得る関数、当日の日付をyyyymmdd形式の文字列に変換する関数の3つを個別に学びます。文字列の連結は専用の演算子で行います。

残念ながら現時点でPythonに用意されている演算子や関数では、1つだけでは目的のバックアップ用フォルダー名は得られないので、その演算子と2つの関数の計3つを組み合わせることになります。これらの知識を前提にChapter08-05から、サンプル1のコードに対して、バックアップ用フォルダー名を当日の日付から組み立てる処理の作成に取り掛かります。

最初は本節にて、文字列を連結する方法を学びましょう。文字列の連携は「+」という演算子で行います。書式は次の通りです。

書式

```
文字列1 + 文字列2
```

これで、文字列1の後ろに文字列2が連結されます。

たとえば、文字列「boo」の後ろに文字列「foo」を連結したければ、以下のように記述します。

```
'boo' + 'foo'
```

上記コードによって、文字列「boo」の後ろに文字列「foo」が連結され、文字列「boofoo」が得られます。

3つ以上の文字列の連結も、「文字列1 + 文字列2 + 文字列3・・・」と、+演算子と文字列のセットを追加していけばOKです。

## 文字列の連結を体験しよう

ここで、文字列の連結を体験しましょう。先ほど例に挙げた文字列「boo」と文字列「foo」を連結するコードを、print関数で出力してみます。

Jupyter Notebookの一番下にある新しいセルに、以下のコードを入力してください。+演算子の左右には半角スペースを入れてください。あくまでも慣例なので、入れなくても問題なく動きますが、コードを見やすくするなどの理由から入れることをオススメします。

```
print('boo' + 'foo')
```

実行すると、「boofoo」という文字列が出力されます。2つの文字列「boo」と「foo」が+演算子で連結されて「boofoo」という文字列になったのです。

**2つの文字列が連結された**

```
In [7]: print('boo' + 'foo')
```

```
boofoo
```

次に、前節で解説した文字列「保管¥¥backup20200125」を2つに分割することをちょっとだけ先に体験してみましょう。文字列「boo」を「保管¥¥backup」に、文字列「foo」を「20200125」に変更してください。前節では文字列「保管¥¥backup20200125」を2つに分割しましたが、その前半部分と後半部分になります。

変更前

```
print('boo' + 'foo')
```

変更後

```
print('保管¥¥backup' + '20200125')
```

実行すると文字列「保管¥¥backup」と「20200125」が+演算子で連結され、「保管¥backup20200125」と出力されます。

**連結によって分割前の文字列ができた**

```
In [8]: print('保管¥¥backup' + '20200125')
```

```
保管¥backup20200125
```

分割した文字列の前半部分「保管¥¥backup」と後半部分「20200125」が連結され、元の文字列「保管¥¥backup20200125」が組み立てられたことが確認できます。その際、「¥¥」と記述した箇所は、「¥」と出力されることも確認できます。

これまでの繰り返しになりますが、バックアップ用フォルダー名の前半部分の「保管¥¥backup」は決まっている部分でした。後半部分の「20200125」は暫定であり、当日の日付から後半部分のyyyymmdd形式の文字列を取得するよう、このあとコードを変更していきます。

そうして取得した後半部分のyyyymmdd形式の文字列の前に、前半部分の「保管¥¥backup」を＋演算子で連結すれば、前節の図で提示した大まかな処理の流れのように、目的の「保管¥¥backupyyyymmdd」という形式のフォルダー名が組み立てられることは想像できるのではないでしょうか。

Chapter 08 03

# 当日の日付を取得するには

## date.today関数で現在の日付を取得

次は2つ目の知識として、当日の日付（現在の日付）を取得する関数を学びます。当日の日付は「datetime」というモジュールの「date.today」という関数で得られます。書式は図の通りです。モジュール名のあとに「.」に続けて関数名を記述します。引数はなしです。実行すると、当日の日付が戻り値として得られます。もちろん、datetimeモジュールを読み込むimport文のコードも別途必要です。

関数名を見て、おやっ？　と思った読者の方も多いかと思います。「date」と「today」の間に「.」があります。Chapter05-05で学んだとおり、ライブラリの関数は「モジュール名.関数名」の書式で記述するのでしたが、このように関数名の部分に「.」がさらにあり階層的になっているケースもあるのです。

なぜ階層的なのかはザックリ言えば、関数の分類や管理の問題です。初心者の間はあまり難しく考えずに、目的の関数の名前が階層的になっていたら、それに従って書けばよいだけの話です。

そして、引数がないことも注目です。引数がない関数もあることはChapter05-02で触れましたが、その一例です。引数なしの関数では、関数名のあとに空のカッコ「()」を必ず記述します。記述しないと、実行した際におかしな結果になってしまいます。

## 当日の日付はdatetime.date.today関数で取得

### ◉datetime.date.today関数の書式

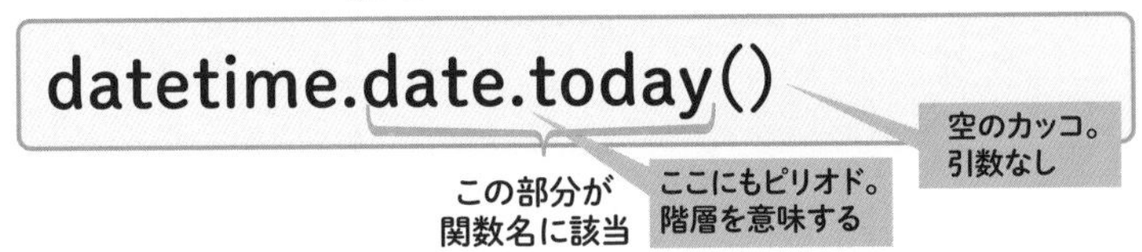


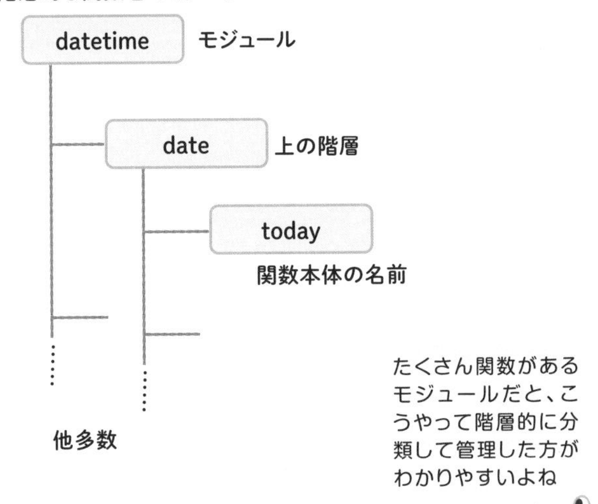


たくさん関数があるモジュールだと、こうやって階層的に分類して管理した方がわかりやすいよね

### ◉datetimeモジュールを読み込むコード

datetimeモジュール

Chapter 08

# 当日の日付の出力を体験してみよう

## Python標準の表示形式で日付を出力

前節では、当日の日付（現在の日付）を取得するdatetime.date.today関数の使い方を学びました。本節では体験として、datetime.date.today関数で当日の日付を取得し、print関数で出力するコードを実際に書いて実行してみましょう。

Jupyter Notebookの新しいセルに、以下のコードを入力してください。print関数の引数に、datetime.date.today関数を丸ごと指定します。datetimeモジュールを読み込むコード「import datetime」も忘れずに記述します。

```
import datetime

print(datetime.date.today())
```

datetimeモジュールでももちろん、モジュール名や関数名などの入力には、Tabキーによる補完が使えます。

**datetimeモジュールを補完機能で入力**

**datetime.date.today関数もリストから入力**

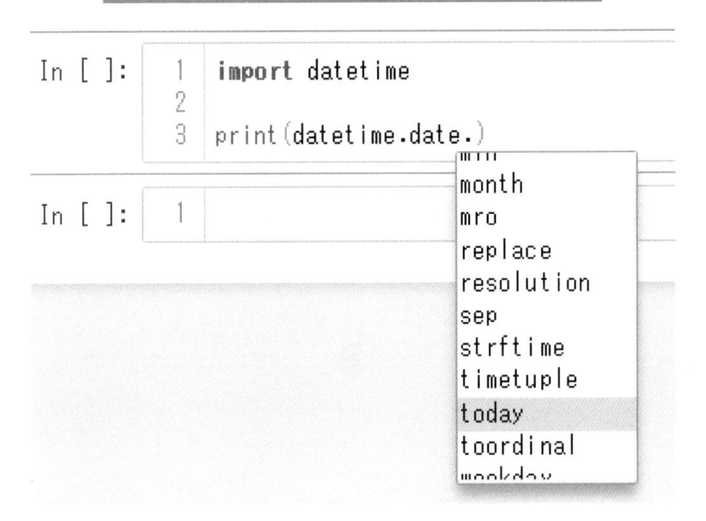


実行すると、このように当日の日付が表示されます。datetime.date.today関数の戻り値がprint関数で出力されたことになります。

**当日の日付が出力された**

出力された日付の形式を見ると、まずは年と月と日が「-」(半角のハイフン)で結ばれていることがわかります。さらに、年は西暦の4桁です。月と日は1桁なら前に自動で0が付きます。たとえば8日なら「08」です。この形式はPython標準の日付の表示形式になります。

## 日付データのままでは連結できない

ここで試しに、datetime.date.today関数で得られた当日の日付を、文字列「保管¥¥backup」の後ろに+演算子で連結して出力してみましょう。以下のようにコードを追加してください。

追加前

```
import datetime


print(datetime.date.today())
```

追加後

```
import datetime


print('保管¥¥backup' + datetime.date.today())
```

前々節で体験したコード「print('保管¥¥backup' + '20200125')」の「'20200125'」を「datetime.date.today()」に置き換えたコードになります。

実行すると、このようにエラーになってしまいます。

### エラーになってしまった！

```
In [9]: import datetime

        print('保管¥¥backup' + datetime.date.today())

---------------------------------------------------------------------------
TypeError                                 Traceback (most recent call last)
<ipython-input-9-13d4b7e01394> in <module>
      1 import datetime
      2
----> 3 print('保管¥¥backup' + datetime.date.today())

TypeError: can only concatenate str (not "datetime.date") to str
```

画面に表示されたエラーメッセージは「文字列じゃないから連結できないよ」といった意味です。Pythonのルールとして、文字列同士でしか連結できないよう決められています。たとえば、文字列と数値は連結できません。

＋演算子の前に記述した「'保管¥¥backup'」は、「'」で囲っていることからも明白なとおり文字列です。そうなると、「文字列じゃない」とエラーメッセージで指摘されているのは、＋演算子の後ろに記述したdatetime.date.today関数であるとわかります。厳密に言うと、文字列ではないのはdatetime.date.today関数の戻り値として得られる日付になります。

datetime.date.today関数の戻り値として得られる日付は、実は文字列ではありません。いわゆる“日付データ”の形式になります。datetime.date.today関数の機能として、最初からそう決められています。“日付データ”とは一体何なのか、どんなデータなのかは、次節以降で改めて順に解説していきます。この時点では、文字列とは異なる種類のデータであることと、文字列とは連結できないことだけを把握できていればOKです。

他の文字列に連結するには、日付データから文字列に変換する必要があるのです。文字列に変換する方法も次節以降で解説していきます。

Chapter 08

# 日付を文字列に変換するには

## 関数名の前には日付データを記述

日付データを指定した形式の文字列に変換するには、datetimeモジュールに含まれる「strftime」という関数を使います。基本的な書式は図の通りです。

書式のポイントは「.関数名」の前に、日付データを指定する点です。これまで登場した関数ではモジュール名を記述しましたが、strftime関数では日付データを指定する点が大きな違いです。もし日付データが変数に代入されているなら、その変数名を指定します。

なぜ日付データを指定するのか、そもそも日付データの正体は何かは少々難しいので、後ほどChapter08-10で解説します。本節の時点では、「strftime関数は、『.関数名』の前はモジュール名ではなく、日付データを記述するよう決められている」とだけ把握していれば問題ありません。

引数には、右表の記号を組み合わせ、変換したい形式を指定します。右表はサンプル1で使う記号のみに絞っています。他にも下2桁の西暦年「%y」などがありますが、本書では解説を割愛します。

そして、形式は文字列として指定するよう決められています。そのため、「'」で囲って記述します。また、すべて半角で記述します。具体例は次節の体験の中で解説します。

## 日付を文字列に変換するstrftime関数

### ◉strftime関数の基本的な書式

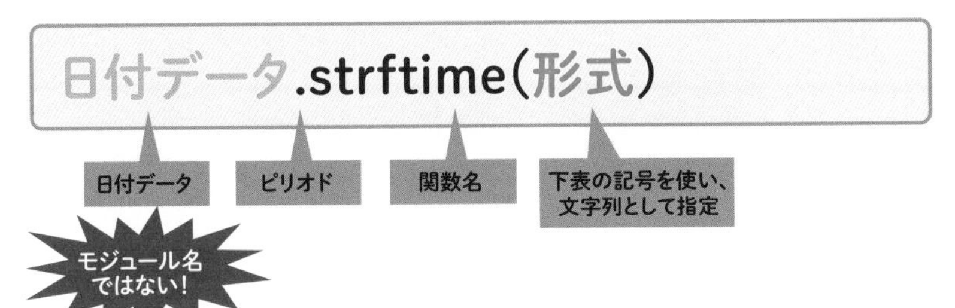


「日付データ」の部分は具体的にどう書けばいいのか、次節で解説するよ

日付データの正体はChapter08-10で改めて解説するね

### ◉形式を指定する主な記号

| 記号 | 形式 |
|---|---|
| %Y | 4桁の西暦年 |
| %m | 2桁の月 |
| %d | 2桁の日 |

2桁の月や日とは、元の日や月が1桁なら前を0で埋める形式だよ。

例: 4月 → 04
　　2日 → 02

Chapter 08

# 日付を文字列に変換する関数を体験しよう

##  当日の日付データを変数に入れて使う

本節では、strftime関数を体験します。その中であわせて、当日の日付をyyyymmddの形式の文字列に変換するというサンプル1で必要とする処理のコードを学びます。そして、練習として、サンプル1に用いるのではなく、単独のプログラムのかたちで実際に記述して実行してみます。

strftime関数で日付を変換するには何はともあれ、元となる日付データが必要です。今回はdatetime.date.today関数を使い、当日の日付を取得し、それを体験に用いるとします。

では、Jupyter Notebookのセルに、体験のコードを入力していきましょう。取得した当日の日付はそのあとの処理で使いやすくなるよう、変数に格納して使うとします。変数名は何でもよいのですが、今回は「dt」とします。この変数dtに、datetime.date.today関数の戻り値を代入します。

```
dt = datetime.date.today()
```

このコードをJupyter Notebookの新しいセルに入力してください。これで、変数dtに当日の日付データが代入され、以降の処理に使えるようになりました。

**新しいセルに体験用コードを入力**

```
In [ ]:  dt = datetime.date.today()
```

本当に当日の日付データが変数dtに代入されているのか、print関数で出力して確かめてみましょう。変数dtをprint関数の引数に指定したコードを以下のように追加してください。

追加前

```
dt = datetime.date.today()
```

追加後

```
dt = datetime.date.today()
print(dt)
```

追加できたら実行しましょう（次ページの「注意！」参照）。すると、次の画面のように、当日の日付がPython標準の形式で出力されることが確認できます。もちろん、出力される日付は画面とは異なり、現在の日付になります。

**変数dtに入っている日付データが出力された**

```
In [15]:  dt = datetime.date.today()
          print(dt)

          2019-12-09
```

「print (dt)」で出力されたのは、当日の日付データです。これで、変数dtには当日の日付データが代入されていることが確認できました。

Chapter08-04の体験後にもし、Jupyter Notebookのノートを閉じたり本体を終了したり、パソコンを終了/再起動していたら、本節のコードを実行する前に、Chapter08-04のコードを再度実行しておいてください。

##  yyyymmdd形式の文字列に変換して出力

次はいよいよstrftime関数の体験です。当日の日付をyyyymmddの形式の文字列に変換するには、コードを具体的にどう書けばよいのか、順に考えていきましょう。strftime関数の書式を改めて提示します。

書式

```
日付データ.strftime(形式)
```

上記書式の「日付データ」の部分には、当日の日付データを指定します。その日付データは変数dtに代入してあるので、変数dtを指定します。

```
dt.strftime(形式)
```

引数に指定する形式はyyyymmddです。yyyyは4桁の西暦、mmは2桁の月、ddは2桁の日でした。月と日は1桁なら0を前に付けるのでした。形式に使える記号は前節の表の通りです。yyyyの部分は「%Y」、mmの部分は「%m」、ddの部分は「%d」を指定すればよいとわかります。

よって、yyyymmdd形式にするには、これら3つの記号を並べて「%Y%m%d」と記述します。さらに、これらの記号は文字列として指定する必要があるので、「'」で囲って「'%Y%m%d'」と記述します。

この記述をstrftime関数の引数に指定します。

```
dt.strftime('%Y%m%d')
```

コード「dt.strftime('%Y%m%d')」の図解

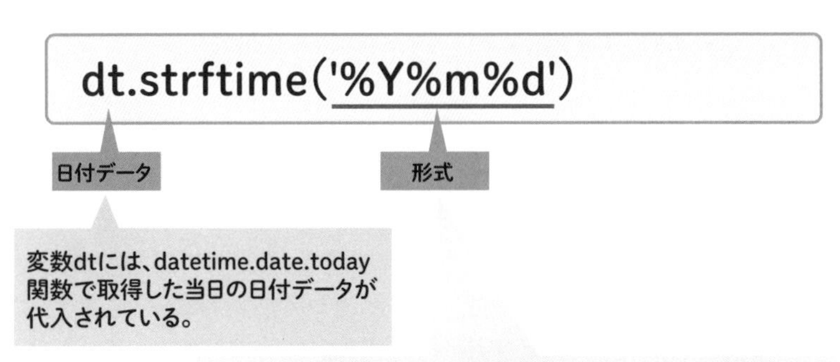


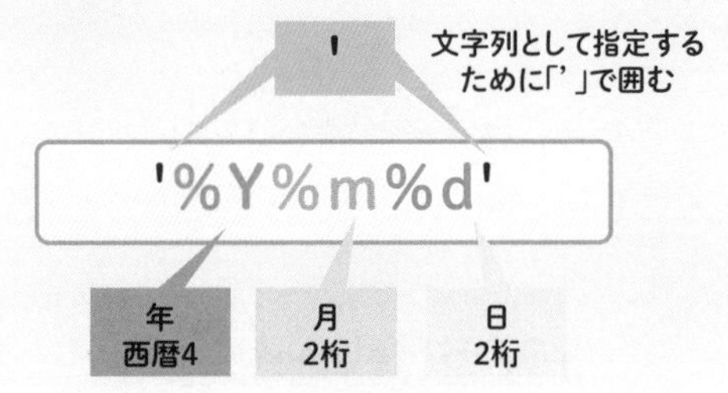


　これで、変数dtに代入されている当日の日付データを、yyyymmddの形式に変換するstrftime関数のコードがわかりました。体験のコードでは、print関数で出力するとします。

　では、現在のコードのprint関数の引数に、「dt.strftime('%Y%m%d')」を指定するよう、以下のようにコードを変更してください。

変更前

```
dt = datetime.date.today()
print(dt)
```

変更後

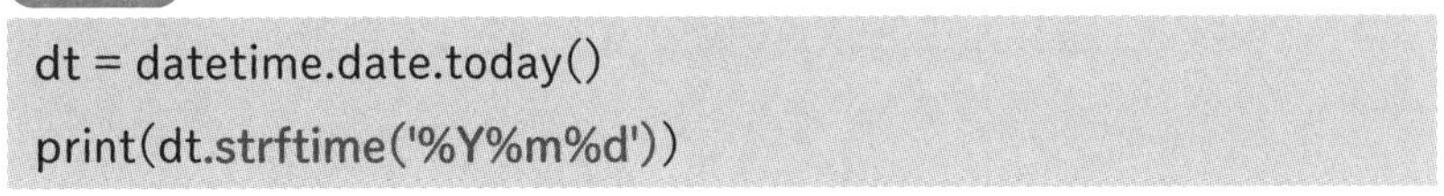

```
dt = datetime.date.today()
print(dt.strftime('%Y%m%d'))
```

変更といっても実質的には、現在記述してある「dt」の後ろに、ピリオドと「strftime('%Y%m%d')」を追加する結果になります。ピリオドを忘れないよう注意しましょう。なお、残念ながら現時点では、「dt.」まで入力された状態でTabキーを押しても、補完のリストの候補にstrftime関数は表示されないので、すべてタイピングで入力する必要があります。

変更できたら、さっそく実行しましょう。すると、次の画面のように、当日の日付がyyyymmdd形式で出力されることが確認できます。

**当日の日付がyyyymmdd形式で出力された**

```
In [17]: dt = datetime.date.today()
         print(dt.strftime('%Y%m%d'))

         20191209
```

## 「保管¥¥backup」を前に付けてみよう

これで、当日の日付をyyyymmdd形式の文字列に変換できるようになりました。続けて、その文字列の前に、文字列「保管¥¥backup」を付けて出力してみましょう。

文字列の連結は+演算子で行うのでした。print関数のカッコ内にて、「dt.strftime('%Y%m%d')」の前に、文字列「保管¥¥backup」と+演算子を追加してください。

追加前

```
dt = datetime.date.today()
print(dt.strftime('%Y%m%d'))
```

追加後

```
dt = datetime.date.today()
print('保管¥¥backup' + dt.strftime('%Y%m%d'))
```

実行すると、「保管¥backup」の後ろに、yyyymmdd形式の当日の日付が付いた文字列（画面では「保管¥backup2019120」）が出力されます。「¥¥」はprint関数で出力すると「¥」になるのでした。

**「保管¥backupyyyymmdd」が出力された**

```
In [18]: dt = datetime.date.today()
         print('保管¥¥backup' + dt.strftime('%Y%m%d'))

         保管¥backup20191209
```

前々節でのdatetime.date.today関数の体験を思い出してほしいのですが、そこではprint関数の引数に「'保管¥¥backup' + datetime.

date.today()」を指定し、実行したらエラーになりました。その理由は、「datetime.date.today()」で得られる当日の日付は日付データであり、文字列ではないのでした。文字列は文字列としか+演算子で連結できないルールであるため、文字列「保管¥¥backup」と連結しようとしてエラーになったのでした。

本節では、datetime.date.today関数で得た当日の日付データを、strftime関数で文字列に変換したうえで、+演算子で連結しています。文字列同士の連結になるので、エラーにならなかったのです。

**必ず文字列同士で連結しよう**

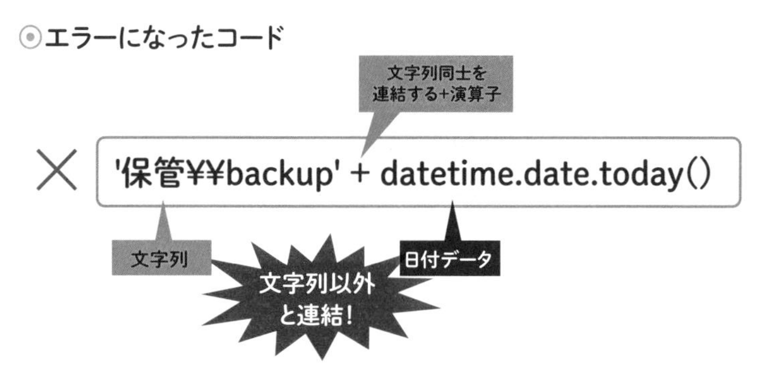


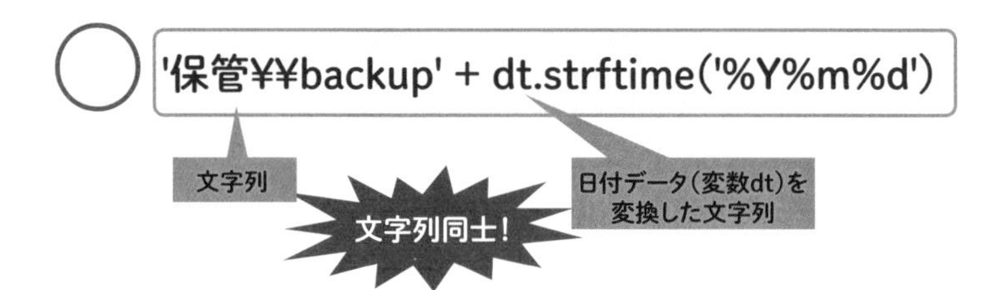

　また、出力された文字列「保管￥backupyyyymmdd」（前々ページの画面では「保管￥backup20191209」）の意味はおさらいになりますが、親フォルダーが「保管」であり、その中には「backupyyyymmdd」という形式の名前のフォルダーがあるという意味になります。「￥」はChapter06-06で学んだように、フォルダーの区切りを表す文字列でした。専門用語で「パス区切り文字」と呼ぶのでした。

　この文字列はまさに、サンプル1で必要としていたバックアップ用フォルダー名でしょう。本節で記述したコードはまさに、当日の日付から目的のフォルダー名を組み立てるコードなのです。本節で学び体験したこと、および作成したコードを次節にてサンプル1に反映させます。

Chapter 08 07

# そういえば「import datetime」は？

## 別のセルで一度実行していれば不要

前節で体験用のコードを入力したセルを改めて眺めると、datetimeモジュールを読み込むコード「import datetime」がありません。strftime関数もdatetime.date.today関数も実行しているのに、エラーが起きませんでした。

これはJupyter Notebookの機能で、いずれかのセルにて一度でも「import datetime」が実行されたならば、他のセルでもdatetimeモジュールが読み込まれた状態になります。そのため、いちいちimport文を書かずに済みます。今回はChapter08-04でdatetime.date.today関数の体験をした際、「import datetime」を実行したので、datetimeモジュールがすでに読み込まれた状態になります。

なお、import文が不要になるのは、同じノートブックのセルに限ります。また、ノートブックを閉じたり、Jupyter Notebook本体を終了したりすると、読み込みはリセットされるので、次回はいずれかのセルでimport文を少なくとも一度は実行する必要があります。

さらに変数についても、代入などの処理を一度行えば、別のセルでもその変数の値を使うことができます。このようにJupyter Notebookは同じノートブックなら、各セルの処理結果や変数などの値は連動しています。

## 一度読み込めば別のセルでも使える

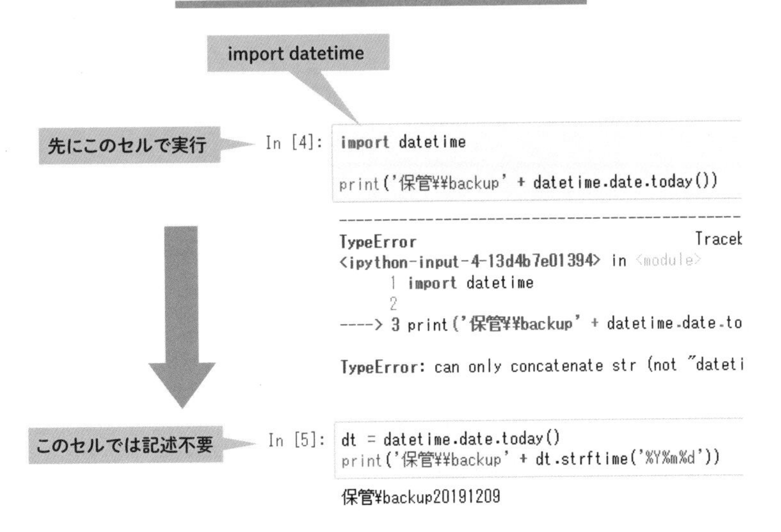


この時点では、datetimeモジュールは読み込み済みになっているよ

上のセルがエラーになっているのは、Chapter08-04で誤ったコードをわざと実行したからだったね

この機能のおかげで、特にデータ加工・分析とかをする時、おのおののセルにコードを入力・実行しながら、テンポよく作業を進めていくことができるよ

Chapter 08

# 別のセルで先に体験するメリット

## なぜ、ぶっつけ本番はダメなのか？

本章ではここまでに、＋演算子や各種関数は先に体験として、別のセルで単独で試してから、サンプル1のコードに使いました。実はこれも「段階的に作り上げる」の次に大事なノウハウです。

初めて使う演算子や関数は当然、使い方をよくわかっていません。それらをいきなりサンプル1の“本番用”のコードに使うと、大抵は目的の処理をうまく作れないものです。下手にコードをいじりましてしまい、元に戻せなくなり、せっかく書いてきたコードが無に帰すかもしれません。そんな事態に陥らないよう、まずは別のセルで“練習”します。練習用コードで体験し、基本的な使い方を把握してから、本番用のセルのコードで使うのです。

また、いきなり本番用に使うと、変数や他の関数などと組み合わせて使うなど、どうしてもコードが長く複雑になりがちであり、基本的な使い方すら把握が困難です。そこで、練習用セルでは別途、初めての演算子や関数だけを使い、極力短くシンプルなかたちのコードでいろいろ試します。その関数などだけを集中して練習できるので、基本的な使い方がより把握しやすくなります。

何事もぶっつけ本番ではなく、練習してから挑むものですが、このノウハウはそれをプログラミングに適用しただけです。

## 別のセルにて練習用コードで体験

### ◉いきなり本番に使うと・・・

このメソッド、初めてだな。よくわかっていないけど、使っちゃえ!

うまく動かないなぁ。修正しなきゃ…ああっ、コードをいじっていたら、グチャグチャになって、元に戻せなくなっちゃった!

### ◉練習してから本番に使うと・・・

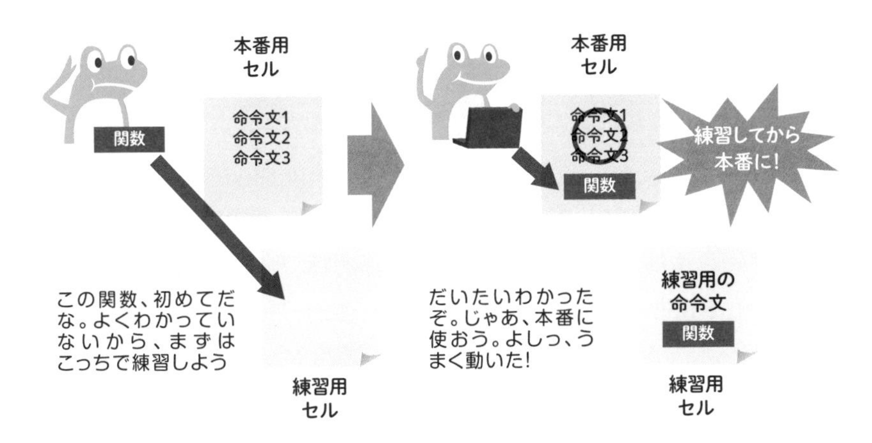


この関数、初めてだな。よくわかっていないから、まずはこっちで練習しよう

だいたいわかったぞ。じゃあ、本番に使おう。よしっ、うまく動いた!

Chapter 08

# 09 サンプル1を当日の日付のフォルダー名に対応させよう

## 暫定のフォルダー名の部分を変更する

前節では、日付を文字列に変換する体験を行いました。そのなかで、「保管¥backup2019120」などと、文字列「保管¥backup」の後ろに、当日の日付がyyyymmdd形式で付いた文字列を組み立てる処理は、どのようなコードを書けばよいかわかりました。そのコードは以下でした。

```
dt = datetime.date.today()
print('保管¥¥backup' + dt.strftime('%Y%m%d'))
```

2つ目のコードは出力するためにprint関数を使っています。目的の文字列自体は、print関数のカッコ内に引数として指定している以下のコードになります。

```
'保管¥¥backup' + dt.strftime('%Y%m%d')
```

これらのコードを現在のサンプル1のコードに組み込み、バックアップ用フォルダーの名前を暫定の「backup20200125」ではなく、当日の日付から「backupyyyymmdd」の形式で組み立てるよう、コードを追加・変更しましょう。もちろん、これまでと同じく、親フォルダー「保管」のパスも付けます。

バックアップ用フォルダーの名前の文字列（「保管」のパス付）は現在、コード「bak_path = '保管¥¥backup20200125'」によって、変数bak_pathに代入したうえで、そのあとの処理に使っているのでした。この変数bak_pathに目的のフォルダー名が代入されるよう、前節で記述した2つのコードを組み込みます。では、以下のようにコードを追加・変更してください。

追加・変更前

```
import os
import shutil

bak_path = '保管¥¥backup20200125'
            :
            :
```

追加・変更後

```
import os
import shutil
import datetime

dt = datetime.date.today()
bak_path = '保管¥¥backup' + dt.strftime('%Y%m%d')
            :
            :
```

追加・変更したのは計3箇所です。1箇所目はdatetimeモジュールを読み込むコード「import datetime」を追加しています。2箇所目は、当日の日付データを取得し、変数dtに代入するコード「dt = datetime.date.today()」をその下に追加しています。

3箇所目は変数bak_pathに代入するコードにて、=演算子の右辺を変更しています。元は「'保管¥¥backup20200125'」でしたが、前節の体験で作成したコード「'保管¥¥backup' + dt.strftime('%Y%m%d')」に置き換えています。

これで、目的のバックアップ用フォルダーの名前（「保管」のパス付）の文字列が組み立てられ、変数bak_pathに代入されるようになりました。

さっそく実行してみましょう。実行した後、「保管」フォルダーを見ると、当日の日付からbackupyyyymmddの名前でZIPファイルが作成されたことが確認できます。バックアップ用フォルダー自体はZIP圧縮後、shutil.rmtree関数によって削除されるので残らないのでした。

**当日の日付でZIPファイルが作成された**

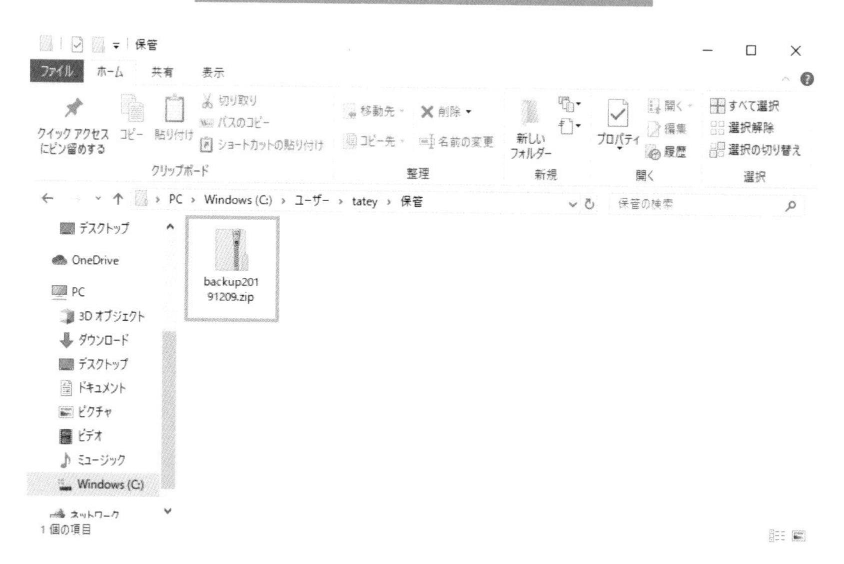

## サンプル1の機能はこれで完成！

サンプル1は機能としてはこの時点で完成です。コードは以下になります。

```
import os
import shutil
import datetime

dt = datetime.date.today()
bak_path = '保管¥¥backup' + dt.strftime('%Y%m%d')

# バックアップ用フォルダー作成
os.makedirs(bak_path)

# 対象ファイルをコピー
shutil.copy('プロジェクト¥¥企画書.pptx', bak_path)

# バックアップ用フォルダーをZIP圧縮
shutil.make_archive(bak_path, 'zip', bak_path)

# バックアップ用フォルダー削除
shutil.rmtree(bak_path)
```

このあと、次々節にて機能はそのままにコードを書き換えて整理していきます。そもそもなぜ整理するのか、何をどう整理するために、具体的にコードのどこをどう書き換えるのかは順次解説します。

また、本節で追加・変更したコードには本来、コメント入れるべきですが、このあと整理しますので、コメントはそれにあわせて入れるとします。

Chapter 08

# 日付データの正体は「日付のオブジェクト」

## オブジェクトとはデータと専用関数のセット

strftime関数は関数名の前はモジュール名ではなく、日付データを記述しました。サンプル1では、当日の日付データが変数dtに代入され、「dt.strftime('%Y%m%d')」と記述しました。

strftime関数は日付データが備えている専用の関数であり、必ず日付データとセットで使います。他にも、データとそのデータ専用の関数のセットは何種類もあります。そうしたセットは専門用語で「オブジェクト」、専用の関数は「メソッド」と呼ばれます。

そして、オブジェクトは最初に取得してから使います。オブジェクトの種類ごとに取得用の関数が用意されているので、それを使います。たとえば日付のオブジェクトならdatetime.date.today関数をはじめ、何種類か用意されています。

本書でこれまで「日付データ」と表してきたものの正体は「日付のオブジェクト」です。strftime関数の前に書いたものは日付のオブジェクトなのです。もっとも、オブジェクトの概念は初心者には理解づらいものです。そして、厳密に理解していなくても、図の2つのポイントさえ把握できていればコードは書けます。

また、関数とオブジェクト／メソッドのどちらを使えばよいのかは、作成したい処理の内容によって決められているので、それに従います。そのルールは毎回調べればOKです。

## オブジェクトのイメージ

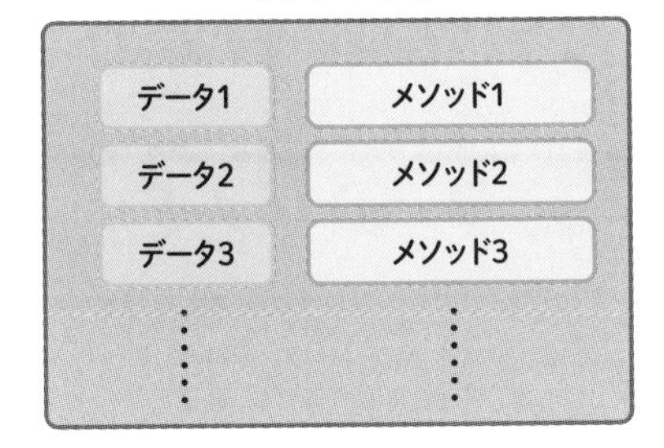


データは複数種類持っている場合が多いよ。専門用語で「属性」って呼ばれるよ

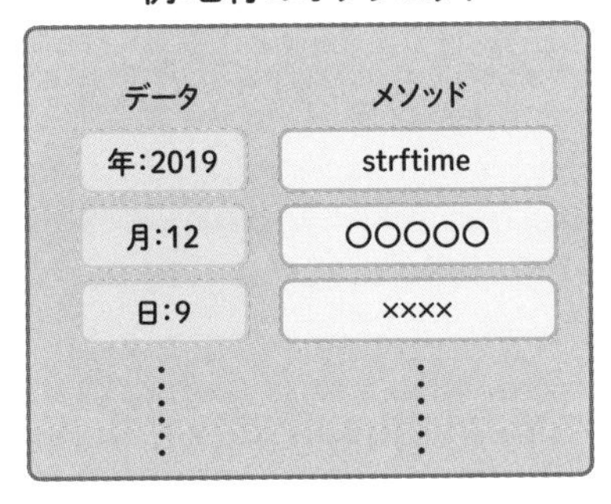


「メソッド」はオブジェクト専用の関数だよ

さっきの変数dtの中身はこんなイメージだよ

## オブジェクトを使う際のポイント

**Point1**

最初に取得用の関数でオブジェクトを取得

**Point2**

メソッドは「オブジェクト.メソッド」の形式で記述

Chapter 08

# なぜ完成後のコードをわざわざ整理するの？

## 機能追加・変更にスムーズに対応したい

本節から、サンプル1のコードを整理していきます。機能としてはChapter08-07の時点で完成しました。機能はそのままにコードを書き換えて整理します。

なぜ整理するのかはChapter07-01でも簡単に触れましたが、今後もし機能の追加・変更が必要となった際、その対応のためのコード編集作業をより効率よく正確に行えるようにするためです。

プログラムは書いた本人ですら、ある程度時間が経つと、どこにどのような処理がどう書いてあるのか、機能追加・変更に対応するにはコードのどこをどう書き換えればよいのかなどがわからなくなってしまい、コード編集作業に苦労するものです。

すると、誤ってコードを編集してしまい、せっかく完成させたプログラムを壊してしまう恐れが高まります。また、正しくコードを編集できたとしても、多くの手間と時間を要すしてしまうでしょう。そのような事態を避けるため、コードを整理するのです。

## 一度完成したコードを整理する理由

### ◉整理していないコード

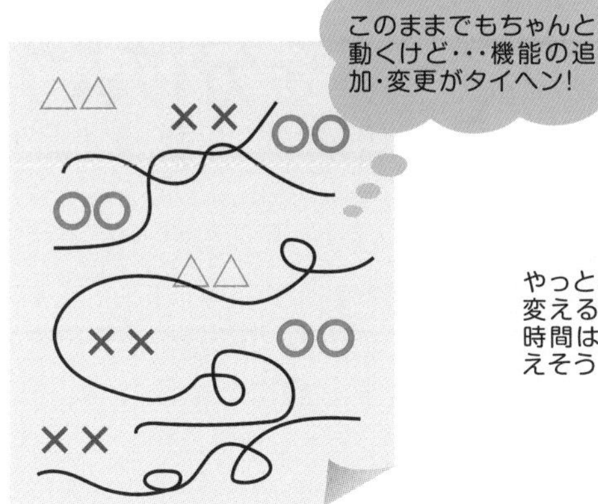


う〜ん、この機能をこう変えるには、コードのどこをどう変えればいいんだっけ?

やっとわかったけど、変える箇所が多すぎ!時間はかかるし、間違えそう

### ◉整理したコード

機能の追加・変更がラクラク!

うん、コードのここを変えればOKってスグわかったぞ

変える箇所はチョットだから、すぐに終わりそう♪

Chapter 08

# 親フォルダー名とバックアップ用フォルダー名のコードを分けよう

## このコードのこの箇所に問題アリ

本節から具体的なコード整理を行います。最初は本節にて、以下のコードを整理します。

```
bak_path = '保管¥¥backup' + dt.strftime('%Y%m%d')
```

上記のコードはこれまで何度も述べてきましたが、バックアップ用フォルダーの名前の文字列を作成する処理です。当日の日付から「backupyyyymmdd」の形式でフォルダー名を作成し、親フォルダー「保管」と連結したうえで、変数bak_pathに格納しています。

このコードで整理した方がよい箇所は「'保管¥¥backup'」です。親フォルダーの名前「保管」と、バックアップ用フォルダー名の決まっている部分「backup」が「¥¥」で挟まれたかたちの文字列となっています。

たとえば、もし今後、親フォルダーの名前を「保管」から変更したいとなった際、「'保管¥¥backup'」の中の「保管」だけを変更する必要があります。該当箇所を見つけづらく、変更作業も誤って別の箇所を書き換えてしまいそうです。同様の弊害は「backup」を変更したい場合にもあてはまります。

この弊害の大きな原因は、「'保管¥¥backup'」は親フォルダー名「保管」と、バックアップ用フォルダー名の決まっている部分「backup」という本来は別の役割の文字列がひとつになっていることでしょう。

## とりあえず2つに分割してみる

そのような弊害を解消するため、文字列「'保管¥¥backup'」を「保管」と「backup」の部分で分割するよう、これからコードを書き換えていきます。その際、最終形のコードに一気に書き換えず、どのような考えのもとに書き換えるのかがよりわかるよう、回り道をしつつ段階的に書き換えていくとします。

最初に+演算子を使って単純に分割してみます。「'保管¥¥backup'」を2つの文字列に分割し、両者を+演算子で連結すれば、同じ文字列が得られるので、機能は変わらない結果となります。

分割の際、「¥¥」を「保管」と「backup」のどちらに含めるべきかは迷うところですが、ひとまず「保管」の方に含めるとします。なお、Chapter06-06のおさらいですが、Windowsのパス区切り文字は「¥」ですが、Pythonのルールとして、「¥」は2つ重ねて記述する必要があります。

それでは、「'保管¥¥backup'」を「'保管¥¥'」と「'backup'」の2つの文字列に分割し、+演算子で連結するかたちにするよう、次のように書き換えてください。

変更前

```
        :
        :
bak_path = '保管¥¥backup' + dt.strftime('%Y%m%d')
```

```
        :
        :
```

変更後

```
        :
        :
bak_path = '保管¥¥' + 'backup' + dt.strftime('%Y%m%d')
        :
        :
```

機能は変えず、「'保管¥¥backup'」を2つの文字列に分割し、連結しただけなので、実行すると変更前と同じ結果が得られます。今回は動作確認を割愛しますが、本来ならこの時点でも動作確認を行い、書き換えが問題なくできているかを確かめるべきでしょう。

これで、親フォルダー名「保管」と、バックアップ用フォルダー名の決まっている部分「backup」を分割できました。たとえば今後もし、親フォルダー名を変更したくなった場合、親フォルダー名の部分――つまり、連結の+演算子の前に記述されている文字列「保管¥¥」の部分だけを書き換えればよくなり、よりわかりやすくなりました。同様に、「backup」を変更したければ、+演算子の後ろに記述されている文字列「backup」の部分だけを書き換えればよくなりました。

## フォルダー名の該当箇所をさらに分離

先ほど分割したコードをさらに書き換え、もっとわかりやすくしてみましょう。

現在のコードの「'保管¥¥' + 'backup' + dt.strftime('%Y%m%d')」の部分は、計3つの文字列が2つの+演算子で連結されたかたちになっています。このコードはどこまでが親フォルダー名で、どこからがバックアップ用フォルダー名なのかはひと目でわからず、パス区切り文字の「¥¥」を探して判別しなければなりません。

そこで、親フォルダー名とバックアップ用フォルダー名の判別がよりつきやすくなるよう、バックアップ用フォルダー名の部分を別のコードに分離します。該当する部分は「'backup' + dt.strftime('%Y%m%d')」です。これを別のコードに分離します。

さらに、「'backup' + dt.strftime('%Y%m%d')」で得られたバックアップ用フォルダー名は、新たに変数を設けて、それに代入して、以降の処理に使うとします。変数名は何でもよいのですが、今回は「bak_subdir」とします。よって、変数bak_subdirに「'backup' + dt.strftime('%Y%m%d')」を代入するコードを追加することになります。

```
bak_subdir = 'backup' + dt.strftime('%Y%m%d')
```

そして、分離前の元のコード「bak_path = '保管¥¥' + 'backup' + dt.strftime('%Y%m%d')」では、1つ目の + 演算子より後ろの「'backup' + dt.strftime('%Y%m%d')」の部分をその変数bak_subdirに置き換えます。

以上がこれから行うコード整理の内容ですが、文字で解説を読んだだけではわかりづらいかと思いますので、下記の図もあわせてご覧ください。このように整理すれば、コードをパッと見ただけで、バックアップ用フォルダー名は変数bak_subdirであり、親フォルダーは「'保管¥¥'」であることがよりわかるようになります。

## これからコードをこう書き換えて整理しよう

◉元のコード

```
bak_path = '保管¥¥backup' + dt.strftime('%Y%m%d')
```

親フォルダー名「保管」とバックアップ用フォルダー名の決まっている部分「backup」が同じ文字列に!

このままだとフォルダー名の変更に対応しづらいよね

①分割

◉親フォルダー名とバックアップ用フォルダー名の決まっている部分を分割

```
bak_path = '保管¥¥' + 'backup' + dt.strftime('%Y%m%d')
```

親フォルダー名　バックアップ用フォルダー名

③置き換え

②分離

バックアップ用フォルダー名の部分を別コードに分離

```
bak_subdir = 'backup' + dt.strftime('%Y%m%d')
```

バックアップ用フォルダー名は、この新たな変数に代入して使う

## コードを書き換えよう

さっそくコードを書き換えましょう。まずは変数bak_subdirに「'backup' + dt.strftime('%Y%m%d')」を代入するコードを追加します。

追加前

```
        :
        :
dt = datetime.date.today()
bak_path = '保管¥¥' + 'backup' + dt.strftime('%Y%m%d')
        :
        :
```

↓

追加後

```
        :
        :
dt = datetime.date.today()
bak_subdir = 'backup' + dt.strftime('%Y%m%d')
bak_path = '保管¥¥' + 'backup' + dt.strftime('%Y%m%d')
        :
        :
```

追加した場所は「dt = datetime.date.today()」のすぐ下です。「dt.strftime('%Y%m%d')」の処理で変数dtを使うので、「dt = datetime.date.today()」よりも後ろに記述する必要があるからです。

その理由をもう少し詳しく説明します。変数dtが初めて登場するコードは「dt = datetime.date.today()」です。そのコードで当日の日付のオブジェクトが代入され、変数dtに初めて値が入ることになります。もし、「bak_path = '保管¥¥' + 'backup' +

dt.strftime('%Y%m%d')」のコードを「dt = datetime.date.today()」よりも前に記述してしまうと、変数dtに当日の日付のオブジェクトはまだ代入されておらず、まだ何も入っていない空の状態になります。その状態だと、コードの「dt.strftime('%Y%m%d')」の部分にて、strftime関数（strftimeメソッド）で文字列に変換しようとしても、変換元となる日付そのものがないので、おかしな結果となってしまいます。それゆえ、「dt = datetime.date.today()」よりも後ろに記述する必要があるのです。

続けて、「bak_path = '保管¥¥' + 'backup' +  dt.strftime('%Y%m%d')」のコードで、「'backup' + dt.strftime('%Y%m%d')」の部分を変数bak_subdirに置き換えます。

変更前

```
            :
            :
dt = datetime.date.today()
bak_subdir = 'backup' + dt.strftime('%Y%m%d')
bak_path = '保管¥¥' + 'backup' + dt.strftime('%Y%m%d')
            :
            :
```

変更後

```
            :
            :
dt = datetime.date.today()
bak_subdir = 'backup' + dt.strftime('%Y%m%d')
bak_path = '保管¥¥' + bak_subdir
            :
            :
```

これでコードを書き換えられました。書き換え前と同じ実行結果が得られるか、念のため動作確認しておくとよいでしょう。

なお、同じ観点で言えば、対象ファイルをコピーする処理のコードにおける「'プロジェクト¥¥企画書.pptx'」の部分も、本来は親フォルダー「プロジェクト」と対象ファイル「企画書.pptx」を本節と同様に分割すべきですが、今回は割愛します。

読者のみなさんが今後、自分でオリジナルのプログラムを作る際、コードはなるべくフォルダーとファイル名を同じ文字列にまとめず、分離した方がよいでしょう。その方がフォルダー名やファイル名の変更、場所に移動などにより容易に対応できます。

## コメントも追加しよう

本節で追加・変更したコードの箇所に、コメントを入れておきましょう。今回は以下のように入れるとします。

これら計3行のコードは大きく分けると、最初の2行がバックアップ用フォルダー名だけを組み立てる処理です。残りの1行は親フォルダー「保管」とバックアップ用フォルダー名を連結し、パスを組み立てる処理です。この観点でコメントを入れるとともに、両者の処理の間に空の行を挿入することで、よりわかりやすくしています。

コメント追加前

```
        :
        :
dt = datetime.date.today()
bak_subdir = 'backup' + dt.strftime('%Y%m%d')
bak_path = '保管¥¥' + bak_subdir
        :
        :
```

コメント追加後

```
        :
        :
# 当日の日付からバックアップ用フォルダー名を組み立て
dt = datetime.date.today()
bak_subdir = 'backup' + dt.strftime('%Y%m%d')

# バックアップ用フォルダーのパスを組み立て
bak_path = '保管¥¥' + bak_subdir
        :
        :
```

**コメント追加後のコードの画面**

```
In [9]: import os
        import shutil
        import datetime

        # 当日の日付からバックアップ用フォルダー名を組み立て
        dt = datetime.date.today()
        bak_subdir = 'backup' + dt.strftime('%Y%m%d')

        # バックアップ用フォルダーのパスを組み立て
        bak_path = '保管¥¥' + bak_subdir

        # バックアップ用フォルダー作成
        os.makedirs(bak_path)

        # 対象ファイルをコピー
        shutil.copy('プロジェクト¥¥企画書.pptx', bak_path)

        # バックアップ用フォルダーをZIP圧縮
        shutil.make_archive(bak_path, 'zip', bak_path)

        # バックアップ用フォルダー削除
        shutil.rmtree(bak_path)
```

## 変数bak_subdirって使わなくてもいい？

サンプル1のコードは現在、バックアップ用フォルダー名を組み立てて変数bak_subdirに代入し、その後の処理に使っています。

本節で整理する前のコードのように、変数bak_subdirを使わなくとも、目的の処理を作れないことはありません。しかし、コードが長くなり、引数の記述も複雑になり、全体がゴチャゴチャした印象になっています。一方、バックアップ用フォルダー名が変数bak_subdirに格納されていると、コードがより読みやすく理解しやすくなります。

さらにもし将来、バックアップ用フォルダー名に関連した機能の追加・変更が必要となった場合、変数bak_subdirを使わないと、「'backup' + dt.strftime('%Y%m%d')」というコードのままで機能追加・変更に対応せねばならず、わかりづらい上に編集の手間もかかります。そうではなく、変数bak_subdirに代入してあれば、編集作業もより素早く正確にできるでしょう。

今回の変数bak_subdirのような、使わなくても目的の処理を作れる変数でも、これらの理由で使った方がベターなケースは多々あります。

変数dtも同じく、使わずに済ますこともできます。しかし、当日の日付からyyyymmdd形式の文字列を取得するコードが、「datetime.date.today().strftime('%Y%m%d')」と非常に長く複雑になってしまうので、使った方がベターです。

このような変数の使い方は処理速度に影響する場合もよくあるのですが、初心者の間はとにかく、コードが長くなったり重複箇所が散見されたりしたら、変数を使ってまとめられないか検討するとよいでしょう。

Chapter 08

# フォルダー名やファイル名の連結はこの関数で！

## パス連結用のos.path.join関数

前節でコードを整理した際、変数bak_subdirの前に、親フォルダー「保管」のパスである「'保管¥¥'」を連結するコードを＋演算子で記述しました。フォルダー名などのパスの文字列を連結する際、上記コードのように＋演算子を使うのは決して誤りではありませんが、もっと便利な方法があります。連結用の関数を利用する方法です。

その関数とは、「os.path.join」という関数です。osモジュールの関数であり、階層的な関数名となっています。書式は図の通りです。引数には、連結したいパスの文字列を指定します。実行すると、各引数に指定した文字列が、パス区切り文字で連結された文字列が返されます。

os.path.join関数は大変親切なことに、パス区切り文字は引数に含めなくとも、自動で付けてくれます。さらに、Windowsのパス区切り文字「¥」なら、自動で「¥¥」と2つ重ねてくれます。

たとえば、「boo」フォルダーの中にテキストファイル「foo.txt」があるとします。「boo」と「foo.txt」のパスを連結したければ、以下のように記述します。実行すると、「'boo¥¥foo.txt'」が返されます。もし＋演算子で連結するなら、「¥¥」は自分で記述しなければなりませんが、os.path.join関数ならそのような手間は不要です。また、「¥」を重ね忘れるミスとも無縁になります。

## パス区切り文字の自動挿入などベンリな関数

◉現在は+演算子でパスを連結している

```
# バックアップ用フォルダーのパスを組み立て
bak_path = '保管¥¥' + bak_subdir
```

+

◉os.path.join関数の書式

```
os.path.join(パス1, パス2・・・)
```

連結後の文字列が
返されるよ

◉例のコード

```
os.path.join('boo', 'foo.txt')
```

'boo' と 'foo.txt'

連結

'boo¥¥foo.txt'

パス区切り文字

しかも、「¥」を自動
で重ねてくれるから
助かるね

パス区切り文字はOSにごとに異なります。Windowsは先述の通り「¥」であり、MacOSとUNIX/Linux系は「/」(半角スラッシュ)です。os.path.join関数はプログラムが実行されるOSを自動で判別して付けてくれます。なお、Windowsでも「¥」の代わりに「/」を使ってコードを書くことができます。「¥」と「/」を混在させても問題なく動作します。

Chapter 08

# os.path.join関数を体験しよう

##  別セルでos.path.join関数を単独で試す

前節では、os.path.join関数のキホンを学びました。サンプル1のコードに用いる前に、本節でos.path.join関数を体験しましょう。Jupyter Notebookにて、サンプル1とは別のセルを使い、os.path.join関数を単独で体験し、基本的な使い方を把握しましょう。

体験するコードは前節で例に挙げた「os.path.join('boo', 'foo.txt')」とします。親フォルダー「boo」とテキストファイル「foo.txt」を連結するコードです。連結されたパスの文字列を確かめるため、戻り値を出力するよう、print関数の引数に指定します。

```
print(os.path.join('boo', 'foo.txt'))
```

上記コードをJupyter Notebookの新しいセルに入力して実行してください。すると、「boo¥foo.txt」が出力されます。

**連結されたパスの文字列が出力された**

```
In [11]: print(os.path.join('boo', 'foo.txt'))
         boo¥foo.txt
```

os.path.join関数の引数に、文字列として「'boo'」と「'foo.txt'」の2つを指定しました。両者が連結され、かつ、間にパス区切り文字「¥」が2つ重ねられた「¥¥」が自動で付けられて、関数の戻り値として得られました。その戻り値をprint関数で出力した結果が「boo¥foo.txt」です。「¥¥」はprint関数で出力すると「¥」になるのでした。

## 本当に「¥¥」なのか、“生の値”で確認

先ほどの体験では、「boo¥foo.txt」と出力されました。前節までは自分で「¥¥」をコードに記述し、print関数では「¥」と出力されることを確認しましたが、先ほどの体験では、os.path.join関数で自動で付けられたため、いまひとつよくわかりませんでした。そこで、ちゃんと「¥¥」と付けられているのか、確かめてみましょう。

先ほどの体験のコードを以下のように変更してください。print関数のカッコ内だけを抜き出したコードです。

```
os.path.join('boo', 'foo.txt')
```

実行すると、「'boo¥¥foo.txt'」と出力されます。

**print関数を使わずに出力した結果**

```
In [12]:  os.path.join('boo', 'foo.txt')
Out[12]:  'boo¥¥foo.txt'
```

これはos.path.join関数の戻り値がそのまま“生の値”として出力されたことになります。パス区切り文字は「¥¥」となっています。全

体が「'」で囲まれており、文字列であることを意味しています。

Jupyter Notebookでは、文字列はprint関数を使うと「¥¥」が「¥」になり、「'」が両側にないかたちで出力されます。一方、print関数を使わず、目的の値のみをセルに記述して実行すると、このように“生の値”が出力されるのです。まさにコードの記述したままが出力されます。また、“生の値”は「Out[連番]: ～」以降に出力される点もprint関数との違いです。

この機能は今回のように、「¥¥」がちゃんと付けられたかを確認するなど、“生の値”でなければ確認できないケースに威力を発揮します。しかも、“生の値”でなくても構わず、単に値を確認したい場合でも、いちいちprint関数を書かなくても出力できる手軽さがメリットであり、Pythonプログラマーの間ではよく利用されています。

今回はos.path.join関数の戻り値の“生の値”を出力しましたが、もちろん他の関数でも戻り値がある関数なら出力できます。Chapter06-09でshutil.copy関数の戻り値が図らずとも出力されてしまったのは、この機能によるものです。その出力結果を改めて見直すと、「'」で囲まれ、「¥¥」となっているなど、“生の値”であることがわかります。

また、戻り値が文字列ではない関数の場合でも“生の値”が出力されます。たとえば、当日の日付を取得するdatetime.date.today関数なら、「datetime.date.today()」とだけ記述して実行すると、「datetime.date(年, 月, 日)」といった形式で、当日の日付のオブジェクト（Chapter08-10参照）が標準の表示形式で出力されます（「import datetime」が実行済みの前提）。

**datetime.date.today関数の”生の値”を出力**

```
In [5]: datetime.date.today()
Out[5]: datetime.date(2019, 12, 10)
```

print関数で出力される日付の標準の表示形式「年-月-日」とは異なることがわかります。

さらに関数の戻り値のみならず、たとえば変数名だけを書いて実行すると、その“生の値”が出力されます。たとえば、datetime.date.today関数の戻り値を変数dtに代入した後、変数dtのみを記述して実行すると、当日の日付のオブジェクトが出力されます。

次の画面では、変数dtにdatetime.date.today関数の戻り値が代入されているとして、変数dtを“生の値”およびprint関数の2通りの方法で出力しています。

**変数dtを2通りの方法で出力**

```
In [26]: dt
Out[26]: datetime.date(2019, 12, 8)

In [27]: print(dt)
2019-12-08
```

変数dtのみを記述

日付のオブジェクトの形式で出力

print関数の引数に
変数dtを指定

日付の標準形式で出力

他にも+演算子で連結した結果など、さまざまなケースで“生の値”を出力できる機能です。

Chapter 08

# サンプル1でos.path.join関数を使おう

## ＋演算子からos.path.join関数に変更

os.path.join関数を体験して基本的な使い方を把握したところで、サンプル1のコードに用いてみましょう。そもそも、バックアップ用フォルダー名が格納された変数bak_pathの前に、親フォルダー「保管」のパスを連結するコード「bak_path = '保管¥¥' + bak_subdir」にて、＋演算子のかわりにos.path.join関数を用いたいのでした。

os.path.join関数の引数はどのように指定すればよいでしょうか？

親フォルダー「保管」を先に連結したいので、第1引数に文字列のかたちで「'保管'」と指定します。os.path.join関数は「¥¥」を自動で付けてくれるので、＋演算子を使う場合のように「'保管¥¥'」と後ろに「¥¥」を自分で付けて記述する必要はありません。

第2引数には、バックアップ用フォルダー名を指定します。その文字列は変数bak_subdirに代入されているのでした。この変数をそのまま指定すればOKです。以上を踏まえると、次のように引数を指定すればよいとわかります。

```
bak_path = os.path.join('保管', bak_subdir)
```

それでは、以下のように「bak_path =」の右辺を変更してください。

変更前

```
        :
        :
#バックアップ用フォルダーのパスを組み立て
bak_path = '保管¥¥' + bak_subdir
        :
        :
```

変更後

```
        :
        :
#バックアップ用フォルダーのパスを組み立て
bak_path = os.path.join('保管', bak_subdir)
        :
        :
```

変更できたら動作確認を行い、以前と同様の実行結果が得られることを確認しておきましょう。

os.path.join関数を使うよう変更したことで、コード内に「¥¥」を書く必要がなくなりました。「¥」を2つ重ねるのを忘れたり、そもそもパス区切り文字を書き忘れたりするというミスの恐れがなくなりました。

Chapter 08

# 文字列を変数に切り出して整理

## 将来の変更をラクにするために切り出す

サンプル1のコードには現在、「'backup'」をはじめ、「'」で囲って記述している文字列が右図のとおり計5つあります。

これから、フォルダーやファイルに関連した文字列「'backup'」、「'保管'」、「'プロジェクト¥¥企画書.pptx'」の3つのみを変数に切り出すとします。具体的には次々ページの図のとおり、3つの文字列をそれぞれ変数に代入し、今までそれらの文字列を記述していた箇所をその変数で置き換えます。変数に代入するコードは、モジュールを読み込むコードの下にまとめて記述するとします。今まで文字列を直接記述していた箇所を、変数を介して指定するよう変更するだけなので、機能は変わりません。コード整理の一環になります。

変数に切り出す理由は、今後もしフォルダーやファイルの名前や場所が変わった場合、コードの対応をより容易かつ正確に行うためです。書き換えが必要な文字列がコードのさまざまな場所に散らばっていると、見つけ出すだけでも一苦労です。また、文字列の前後の部分などを誤って変更してしまう恐れもあります。

そこで、変数に切り出しておけば、書き換えるのは変数に代入している部分だけで済みます。すぐに見つけられ、他の部分を誤って変更する恐れもありません。本サンプルでは切り出すのは文字列だけですが、数値など他の種類の値でも同様です。

## 現時点でのコードに記述されている文字列

```
import os
import shutil
import datetime

# 当日の日付からバックアップ用フォルダー名を組み立て
dt = datetime.date.today()
bak_subdir = 'backup' + dt.strftime('%Y%m%d')
                 文字列                  文字列

# バックアップ用フォルダーのパスを組み立て
bak_path = os.path.join('保管', bak_subdir)
                          文字列

# バックアップ用フォルダー作成
os.makedirs(bak_path)

# 対象ファイルをコピー          文字列
shutil.copy('プロジェクト¥¥企画書.pptx', bak_path)

# バックアップ用フォルダーをZIP圧縮
shutil.make_archive(bak_path, 'zip', bak_path)
                                文字列

# バックアップ用フォルダー削除
shutil.rmtree(bak_path)
```

文字列が散らばっている
と、変更したい
とき見つけづらいよね

オレンジのフキダシはファイル/
フォルダー名関連の文字列だよ

## これからこうやって文字列を整理

【STEP1】各文字列を変数に代入

```
変数1 = 'backup'
変数2 = '保管'
変数3 = 'プロジェクト¥¥企画書.pptx'
```

【STEP2】文字列部分を変数に置き換え

置き換え　変数1

```
bak_subdir = 'backup' + dt.strftime('%Y%m%d')
```

置き換え　変数2

```
bak_path = os.path.join('保管', bak_subdir)
```

置き換え　変数3

```
shutil.copy('プロジェクト¥¥企画書.pptx', bak_path)
```

今回はファイル/フォルダー名関連の3つの文字列のみ切り出すよ

残りの2つもモチロン切り出してもいいけど、今回は見送るよ

Chapter 08

# 3つの文字列を変数に切り出そう

## 値が固定の変数名はすべて大文字が慣例

それでは、サンプル1のコードで実際に、ファイル/フォルダー名関連の3つの文字列の変数に切り出します。コードを追加・変更する前に、それぞれ変数名を決めましょう。今回は次表とします。

**今回文字列を代入する3つの変数**

| 文字列 | 変数名 |
|---|---|
| 'backup' | BAK_SUBDIR_PREFIX |
| '保管' | BAK_DIR |
| 'プロジェクト¥¥企画書.pptx' | ORIGINAL_FILE |

変数名はすべて、アルファベットの大文字と「_」(半角のアンダースコア)で構成しています。今回代入する文字列のように、常に固定の文字列が代入される変数は、すべてこのネーミング基準で変数名を付けるとしています。ここで言う“固定”とは、プログラムの実行中に最後まで値が変わらないという意味です。

一方、代入される文字列が実行中に変化する変数は、アルファベットの小文字と「_」のみでネーミングしています。このネーミング基準はPythonの文法・ルールではありませんが、慣例として広く利用されています。

なぜ、このようなネーミング基準で変数名を付けるのでしょうか？　値が常に固定の文字列の変数なのか、処理内容に応じて変化する変数なのか、その区別がひと目でつくようにするためです。そのような区別がつくと、機能の追加・変更のためのコード編集作業はもちろん、プログラムが意図通りの実行結果が得られなかった場合、コードの誤りを探す作業がラクになります。

誤りは変数の処理に起因するケースが少なくありません。値が固定の変数なら誤りの原因である可能性は低く、優先してチェックすべきは値が変化する変数です。その際、このようなネーミング基準で変数名がつけてあれば、値が変化する変数なのかひと目で区別がつくので、チェック作業を効率的に行えるのです。

もちろん、ネーミング基準は変数の値が常に固定なのか、変化するのかがひと目で区別つけば、何でも構いません。自分にこれといったこだわりがないのなら、この慣例に従うとよいでしょう。

## 実際にコードを書き換えよう

それではサンプル1のコードにて、先ほど決めた変数名を使い、3つの文字列を切り出すよう、コードを書き換えましょう。

まずは3つの変数にそれぞれ固定の文字列を代入するコードを追加します。モジュールを読み込むコードの下に、空の行を挟んで以下のように追加してください。あわせて、コメントも以下のように入れるとします。

追加前

```
import os
import shutil
import datetime
```

```
# 当日の日付からバックアップ用フォルダー名を組み立て
      :
      :
```

追加後

```
import os
import shutil
import datetime

BAK_SUBDIR_PREFIX = 'backup' # バックアップ用フォルダー名の固定部分
BAK_DIR = '保管' # バックアップ先フォルダー
ORIGINAL_FILE = 'プロジェクト¥¥企画書.pptx' # 対象ファイル

# 当日の日付からバックアップ用フォルダー名を組み立て
      :
      :
```

次に、固定の文字列を記述していた3つの箇所を、それぞれ変数に置き換えてください。

変更前

```
      :
      :
# 当日の日付からバックアップ用フォルダー名を組み立て
dt = datetime.date.today()
bak_subdir = 'backup' + dt.strftime('%Y%m%d')

# バックアップ用フォルダーのパスを組み立て
bak_path = os.path.join('保管', bak_subdir)
```

```
# バックアップ用フォルダー作成
os.makedirs(bak_path)

# 対象ファイルをコピー
shutil.copy('プロジェクト¥¥企画書.pptx', bak_path)
    :
    :
```

変更後

```
    :
    :
# 当日の日付からバックアップ用フォルダー名を組み立て
dt = datetime.date.today()
bak_subdir = BAK_SUBDIR_PREFIX + dt.strftime('%Y%m%d')

# バックアップ用フォルダーのパスを組み立て
bak_path = os.path.join(BAK_DIR, bak_subdir)

# バックアップ用フォルダー作成
os.makedirs(bak_path)

# 対象ファイルをコピー
shutil.copy(ORIGINAL_FILE, bak_path)
    :
    :
```

これで、3つの固定の文字列を変数に切り出して、コードを整理できました。動作確認を行い、整理前と同じ実行結果が得られることを確認しておきましょう。

サンプル1の整理前のコードでは、別の箇所にも重複して登場する固定の文字列はありませんでした。もし、同じ固定の文字列が複数あると、変数に切り出した効果が飛躍的にアップします。

たとえば、仮に親フォルダー名の文字列「'保管'」が5箇所に記述されていたとします。このフォルダー名を「保管」から「バックアップ」に変更したいとなった場合、5箇所の「'保管'」をすべて「'バックアップ'」に書き換えなければなりません。変数BAK_DIRに切り出しておけば、コード「BAK_DIR = '保管'」の「保管」の部分を1箇所だけ書き換えれば済みます。このように変化への対応作業の効率を大幅に向上できます。

なお、本節では固定の文字列を3つまとめて切り出しましたが、段階的に作成していくノウハウの観点で言うと、本来は1つずつ切り出し、その都度動作確認を行った方がより確実です。

## 「'%Y%m%d'」と「'zip'」は切り出さなくていいの？

サンプル1のコードは現状で、他に固定の文字列は「'%Y%m%d'」と「'zip'」が残っています。今回この2つは変数に切り出しませんでしたが、本来は切り出した方がベターでしょう。「'%Y%m%d'」は将来的にyyyymmdd以外の形式に変更する可能性があるなら、変数に切り出しておくべきです。「'zip'」も同じく、圧縮形式を今後変更する可能性があるなら切り出しておくべきです。

Chapter 08

# わかりやすい変数名を付けよう

## 値や用途などがわかる変数名がベスト

サンプル1では、これまでに変数はdtやbak_pathをはじめ計6個使っており、それぞれ変数名を付けました。

変数名はプログラムを書く人が自由に決められるのですが、なるべくわかりやすい名前を付けるとよいでしょう。変数名を見れば、どのような値が代入され、どのような用途で使われるのかがわかると、コードが読みやすく理解しやすくなります。すると、後日機能の追加・変更のためにコードを編集する作業が行いやすくなったり、コメントで補足する必要がなくなったりするなど、さまざまなメリットが得られます。

参考までに、サンプル1の変数名はどのように付けたのか、図のとおり紹介します。これらはあくまでも筆者が考えた一例であり、他にも何通りかの変数名が考えられます。

また、「backup」の省略形として「bak」という語句（Chapter07-08参照）を計4つの変数名に用いていますが、省略せず「backup」のまま用いた方がよりわかりやすいでしょう。変数名は短すぎるとわかりづらくなる一方で、あまり長いと扱いづらくなります。近年はJupyter Notebookの補完機能などで入力が効率化されているので、多少長くてもわかりやすい変数名が好まれる傾向にあります。

## サンプル1の変数名の付け方

◉通常の変数

**dt**

日付の英語「date」の省略

**bak_subdir**

bak：「backup」の省略

subdir：「dir」はディレクトリ(フォルダー)の省略。「sub」は「下の階層」の意味で前に付けた。バックアップ用フォルダーは「保管」フォルダーの下に作られるため。

**bak_path**

bak：「backup」の省略

path：ファイルやフォルダーの場所を表す「パス」の英語

◉固定の文字列の変数(大文字と「_」のみ使う)

**BAK_SUBDIR_PREFIX**

BAK：「backup」の省略

SUBDIR：変数bak_subdirと同様

PREFIX：「接頭語」の英語

**BAK_DIR**

BAK：「backup」の省略

DIR：ディレクトリ(フォルダー)の省略

**ORIGINAL_FILE**

ORIGINAL：「元の」の英語。バックアップの元となるファイルという意味で付けた

FILE：ファイルの英語

わかりやすくて、ちょうどよい長さの変数名を付けるのは難しいけど、徐々に慣れていこう

Webや本に載っているコードの変数名を参考にするのもいいよ

◉Jupyter Notebookの補完機能で変数名をラクラク入力!

「BA」まで入力し、Tab キーを押す

```
# 当日の日付からバックアップ用フォル
dt = date.today()
bak_subdir = BA + dt.strftime('%Y%m
               BAK_DIR
# バックアッ   BAK_SUBDIR_PREFIX スを
bak_path = os.path.joi (BAK_DIR, bal
```

入力補完のリストで変数が選べる

Chapter 08

# マメにバックアップを取っておくと安心

## まさかの時に備え、復旧できるように

Chapter08-17では、サンプル1で3つの固定の文字列を変数に切り出す際、コードのいくつもの箇所を追加・変更しました。このようにコードをある程度以上大きく書き換えるときは、バックアップを取っておくとよいでしょう。書き換えに失敗して元に戻せなくなったり、パソコンがクラッシュしたりすると、せっかくがんばって書いてきたコードが無に帰してしまいます。バックアップを取っておけば、少なくともバックアップした時点までは復旧できます。

具体的なバックアップ作業は自分のやりやすい方法で構いません。パソコンのクラッシュに備えるなら、USBメモリやクラウド上など、他の場所にバックアップする必要があります。

また、書き換え前のコードを一時的にバックアップしておくために、コピーしてからコメント化しておく方法がよく使われます。Jupyter Notebookには、複数行のコードをまとめてコメント化／解除できるので手間はかかりません。その上、コメント化された書き換え前のコードがすぐ近くに表示されていれば、見比べながら作業できるため、より効率よく正確に書き換えられるでしょう。もし元に戻せなくなっても、コメント化を解除すればすぐに復旧できます。

このようなバックアップはちょっとしたノウハウであり、メリットが多いので、ぜひともマメに実施しましょう。

## コメントを利用したバックアップ

### 追加・変更前のコードをコメント化して一時保存

イザとなったら、元のコードにスグ戻せる!

前の段階のコードをすぐ上にコピーしてからコメント化

```
# 当日の日付からバックアップ用フォルダー名を組み立て
dt = date.today()
# bak_subdir = 'backup' + dt.strftime('%Y%m%d')
bak_subdir = BAK_SUBDIR_PREFIX + dt.strftime('%Y%m%d')
```

このコードを変更したい

元のコードをすぐ上に表示しつつ、見比べながら変更できる!

ちょっと手間はかかるけど、このやり方なら確実だね!

### 複数行のコードを素早くまとめてコメント化

```
# 当日の日付からバックアップ用フォルダー名を組み立て
dt = date.today()
bak_subdir = BAK_SUBDIR_PREFIX + dt.strftime('%Y%m%d')
```

①コードを選択　②[Ctrl]+[／]キーを押す

```
# 当日の日付からバックアップ用フォルダー名を組み立て
# dt = date.today()
# bak_subdir = BAK_SUBDIR_PREFIX + dt.strftime('%Y%m%d')
```

まとめてコメント化された!

こりゃラクだ!　コメントを解除するには、同じく選択してキーを押してね

Chapter 08

# datetime.date.today関数の記述をもっと短くしよう

## from import文で必要なものだけ読み込む

当日の日付を取得するdatetime.date.today関数は、モジュールを読み込むimport文にて、キーワード「from」も使うと、記述を短くできます。

書式

```
from モジュール名 import 関数名やオブジェクト名
```

importの後の「関数名やオブジェクト名」の部分の厳密な意味は、初心者には少々難しいので、本書ではあえて解説を割愛します。ひとまずはdatetime.date.today関数の記述を短くするなら、以下のように記述すればよいとだけ把握していればOKです。

```
from datetime import date
```

これで関数名に「datetime.」を記述する必要がなくなります。イメージはChapter08-03の図で、「dateの階層の関数だけを読み込む」です。

## コードを書き換えよう

それでは、サンプル1のコードを書き換えてみましょう。「import datetime」と、datetime.date.today関数名を以下のように変更してください。関数名は変更といっても、実質は現在の関数名から「datetime.」を削除するだけになります。

変更前

```
import os
import shutil
import datetime
        :
        :
# 当日の日付からバックアップ用フォルダー名を組み立て
dt = datetime.date.today()
bak_subdir = BAK_SUBDIR_PREFIX + dt.strftime('%Y%m%d')
        :
        :
```

変更後

```
import os
import shutil
from datetime import date
        :
        :
# 当日の日付からバックアップ用フォルダー名を組み立て
dt = date.today()
bak_subdir = BAK_SUBDIR_PREFIX + dt.strftime('%Y%m%d')
        :
        :
```

関数名の記述が「datetime.date.today」から「date.today」になり、コードがよりスッキリしました。

Pythonでは他のモジュールについても、このfrom import文で記述をよりシンプルにすることがよく行われます。

Chapter 08

# 今後はもっと機能を充実させたい！

## アイディア次第でいろいろ発展

これでサンプル1の作成は終わりです。お疲れ様でした！　カレントディレクトリの「プロジェクト」フォルダーの中にあるファイル「企画書.pptx」をバックアップする作業をPythonで自動化しました。当日の日付からフォルダー名を組み立ててバックアップ用フォルダーを作成し、ファイルをコピーしてからZIP圧縮して、さらにバックアップ用フォルダーを削除するまでの処理のコードを記述しました。

サンプル1ではバックアップ対象のファイルは「企画書.pptx」の1つだけですが、今後は複数のファイルをバックアップしたり、「プロジェクト」フォルダー以外の別の場所のファイルもバックアップできるようにするなど、機能をいろいろ充実させるアイディアが浮かんでくることでしょう。そのためのコードをさらに追加・変更したくなることでしょう。

## 同じようなコードを並べるのもいいけど……

ここで、複数のファイルをバックアップ可能にするには、コードはどう追加・変更すればよいか、ちょっと考えてみましょう。

対象ファイルの名前は親フォルダーのパスとあわせた文字列として、変数ORIGINAL_FILEに「ORIGINAL_FILE = 'プロジェクト¥¥企画書.pptx'」と代入しているのでした。コピーは「shutil.copy(ORIGINAL_FILE, bak_path)」で行っているのでした。

対象ファイルを増やしたければ、まずはその新たなファイルの名前を新たな変数に代入するコードを追加します。そして、コピーのコードも追加し、shutil.copy関数の第1引数にその新たな変数を指定すればよいことになります。さらに対象ファイルが増やしたいなら、同様にコードを追加していけばよいでしょう。

このように同じようなコードを追加で並べていく方法も決して誤りではなく、意図通りの実行結果が得られます。しかし、対象ファイルの数が増えるに従い、コードの分量も増えることになります。一定数以上になると、コードが見づらくなり、機能の追加・変更にも不便になってしまいます。もっとよいコードの書き方はないのでしょうか？　その解決策のヒントはChapter10で紹介します。

## 同じようなコードを並べるとこうなってしまう

### ◉もし、対象ファイルが増えたら?

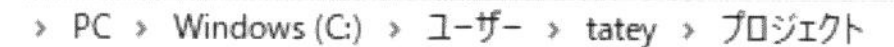

たとえば、同じフォルダー内に2つ追加したと仮定

### ◉たとえば、こうコードを追加すればよさそうだけど・・・

```
        :
        :
BAK_SUBDIR_PREFIX = 'backup'  # バックアップ用フォルダー名の固定部分
BAK_DIR = '保管'  # バックアップ先フォルダー
ORIGINAL_FILE = 'プロジェクト¥¥企画書.pptx'  # 対象ファイル
ORIGINAL_FILE2 = 'プロジェクト¥¥予算.xlsx'
ORIGINAL_FILE3 = 'プロジェクト¥¥企画趣意書.docx'
        :
        :
# 対象ファイルをコピー
shutil.copy(ORIGINAL_FILE, bak_path)
shutil.copy(ORIGINAL_FILE2, bak_path)
shutil.copy(ORIGINAL_FILE3, bak_path)
        :
        :
```

新たなファイルを新たな変数に代入するコードを追加

新たなファイルをコピーするコードを追加

これで確かにちゃんと動くけど・・・

ファイルの数がもっと増えたら、コード書くのが大変になるよね

# 他のライブラリの関数もちょっと体験しよう

Chapter 09

# 画像処理のライブラリを体験しよう

## 多彩な画像処理ができる「Pillow」

前章で完成したサンプル1では、osモジュールやshutilモジュールといったファイルやフォルダーを操作するモジュール（ライブラリ）の関数を使ってきました。Pythonには他にも多種多様なライブラリがあります。本章ではその一例として「Pillow」を紹介します。

Pillow（「ピロー」と読みます）は画像処理のライブラリです。リサイズやトリミングからぼかしなどの加工まで、多彩な画像処理が行えます。外部ライブラリですが画像加工の処理には定番であり、Anacondaに同梱されているので、わざわざ別途インストールしなくとも、スグに使うことができます。

ここでは、簡単なサンプルを使って紹介します。サンプル1とは別のサンプルです。具体的には、写真のJPEGファイルをリサイズするプログラムになります。リサイズとは、写真など画像ファイルの大きさ（サイズ）を変える加工のことです。サンプル名は「サンプル2」とします。

一般的にデジタルカメラやスマートフォンで撮影した写真は、画像のサイズ（幅と高さ）が大きく、ファイル容量も大きいものです。そのままではブログやSNSに投稿したり、友人や家族などと共有するために送るには少々扱いづらいので、小さくリサイズする機会は多いでしょう。リサイズは通常、Windows付属ソフトの「ペイント」などを使い手作業で行いますが、それをPythonで自動化するサンプルになります。

## 写真をリサイズするサンプルで体験

サンプル2の機能は以下とします。

**リサイズの方法**

・縦横比を保ったまま大きさ（サイズ）を変更
・指定した幅または高さを上限にリサイズ
・幅の上限は500ピクセル、高さの上限は400ピクセル

上記の「上限にリサイズ」とは、横長の画像なら、幅が指定した大きさになり、高さは縦横比を保ちつつ、幅に応じた大きさになります。縦長の画像なら、高さが指定した大きさになり、幅は縦横比を保ちつつ、高さに応じた大きさになります。このリサイズの方法は文章だけだとわかりづらいので、あわせて次ページの図をご覧ください。

**リサイズする写真の画像ファイル**

・ファイル名：001.jpgおよび002.jpg
・場所：カレントディレクトリ以下の「photo」フォルダーの中

001.jpgは横長、002.jpgは縦長の画像です（両者とも本書ダウンロードファイルで提供します）。今回はコードをなるべくシンプルにするため、同時にリサイズ可能な画像ファイルは1つのみとします。リサイズする画像にあわせて、コードのファイル名の部分を001.jpgまたは002.jpgのいずれかに毎回書き換えるとします。

リサイズ後の画像は同じ場所に、001.jpgなら「001_s.jpg」、002.jpgなら「002_s.jpg」という別名で保存するとします。

# 画像のリサイズと保存の方法

◉横長の写真　001.jpg

元の幅は3275ピクセル

◉縦長の写真　002.jpg

元の高さは4096ピクセル

**リサイズ！**

- 縦横比は保ったまま縮小
- 横長なら幅500ピクセル、縦長なら高さ400ピクセルに変更
- 横長／縦長は自動判別

◉001_s.jpgの別名で保存

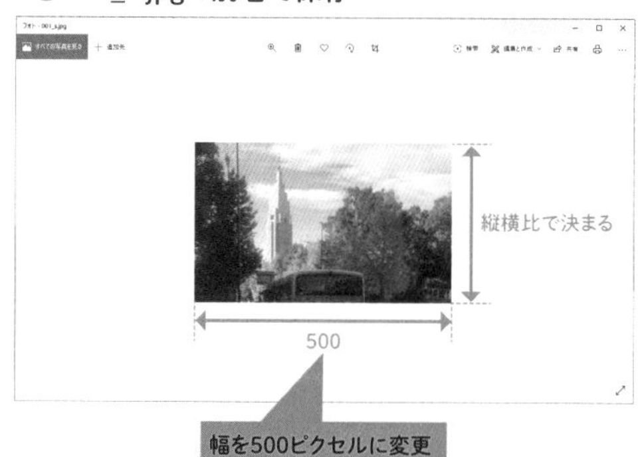


幅を500ピクセルに変更

◉002_s.jpgの別名で保存

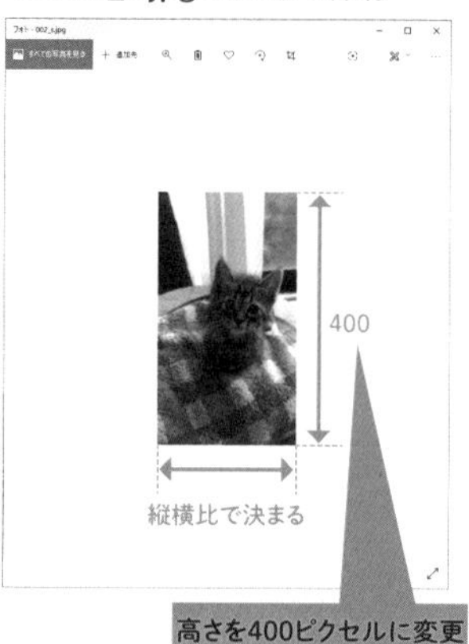


高さを400ピクセルに変更

これらの画面はWindows10の「フォト」で開いたものだよ

別名ファイル「001_s.jpg」または「002_s.jpg」として同じ場所に保存するよ

上記のリサイズの方法は非常にややこしそうな処理に見え、「コードは複雑なものをたくさん書かないといけないかもしれない！」と一瞬腰が引けてしまうかもしれません。実はこのあと追って解説しますが、このリサイズ処理はあるメソッド1つで、たった1行のコードで済んでしまいます。Chapter01をはじめ本書で述べてきたPythonの便利なライブラリの威力を実感できるサンプルでしょう。

## サンプル2を準備しよう

これからサンプル2のコードを書いて実行するにあたり、先に準備をしましょう。本書ダウンロードファイル（入手方法はP2参照）の「サンプル2」フォルダーに含まれている「photo」フォルダーをカレントディレクトリに丸ごとコピーしてください。これで準備は完了です。

**「photo」フォルダーをカレントディレクトリにコピー**

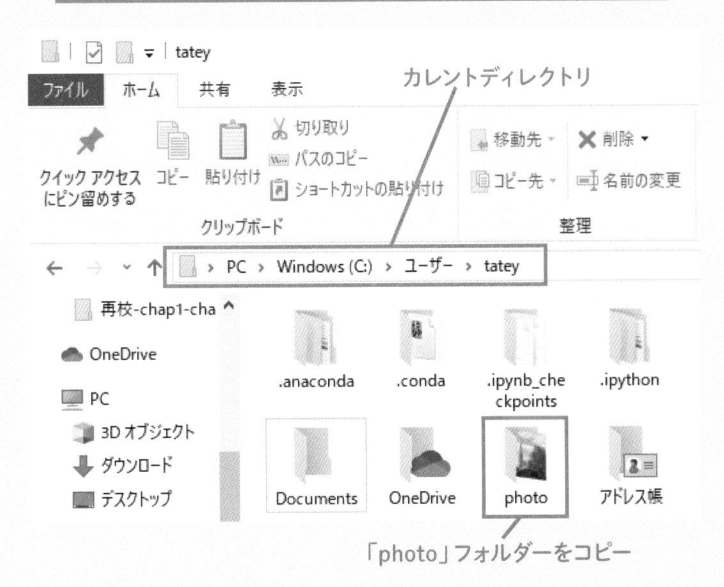

「photo」フォルダーを開くと、中にJPEG形式の画像ファイル001.jpgがあります。マウスポインターを重ねると、現在の大きさがポップアップ（ツールチップ）で「大きさ：3725 × 2254」と表示されます。「幅3725ピクセル、高さは2254ピクセル」という意味になります。幅の方が大きいので、横長の画像になります。

**001.jpgの大きさを確認**

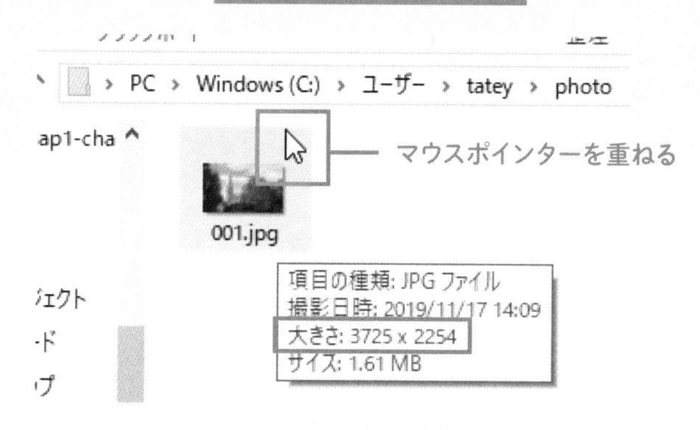


なお、ポップアップには同時にファイル容量も「サイズ：1.61MB」と表示されます。他に撮影日時やファイルの種類（項目の種類）も表示されます。

また、001.jpgをダブルクリックすると、規定の画像閲覧ソフト（Windows 10なら「フォト」）で開きます。フォトの場合、右上の［・・・］の部分をクリックし、［ファイル情報］をクリックすると、大きさやファイル容量などが確認できます。

**「フォト」でも大きさを確認できる**

大きさはここでわかる

他にも、「photo」フォルダーにて001.jpgを右クリック→［プロパティ］でプロパティを開き、［詳細］タブを表示しても、大きさやファイル容量を確認できます。

これで準備は完了です。画像閲覧ソフトを開いたなら閉じて、次節へ進んでください。

Chapter 09

# 画像を開く処理を作ろう

## こうインポートするのがセオリー

それでは、サンプル2のコードを書いていきましょう。まずはPillowをインポートするコードです。Pillowのモジュール名は「PIL」と記述するよう決められています。

```
import PIL
```

そして、Pillowはosモジュールと同じく、画像処理のカテゴリに応じて、たくさんの関数やメソッドがあるので、階層的に管理されています。サンプル2で使うようなリサイズなどの基本的な処理は、「Image」という階層以下の関数を使います。そのため、Chapter08-20で学んだfrom import文を使い、以下のコードでインポートします。

```
from PIL import Image
```

単に「import PIL」でインポートすると、関数は「PIL.Image.関数名」と書く必要がありますが、「from PIL import Image」でインポートすると、「Image.関数名」と記述できるようになるので、いちいち

「PIL.」を書かなくても済みます。

　では、このコードをJupyter Notebookの新しいセルに入力してください。

**Pillowをインポートするコードを追加**

新しいセルに入力

```
In [ ]:  1  from PIL import Image
```

　Pillowはこのように画像処理のカテゴリに応じて、必要な階層の関数のみをfrom import文で個別にインポートするのがセオリーです。たとえば、リサイズやトリミングや回転など基本的な処理なら、ここまでに登場したImageをインポートし、上下左右反転などの処理なら「ImageOps」、ぼかしなどの処理なら「ImageFilter」を個別にインポートします。

## 画像を開くのはPIL.Image.open関数で

　ここからはリサイズ処理のコードを書いていきます。まずは処理手順を考えてみましょう。

　Pythonではなく、「ペイント」などのソフトを使って手動でリサイズする際の作業は通常、目的の画像ファイルを開き、サイズを変更したら、別名で保存するといった流れになるでしょう。Pythonによって自動でリサイズするサンプル2のプログラムの処理も基本的に同じ流れになります。

**【STEP1】画像ファイルを開く**
**【STEP2】リサイズする**
**【STEP3】別名で保存**

この【STEP1】から【STEP3】のコードをこれから順に書いていきましょう。

まずは【STEP1】です。Pillowで画像ファイルを開くには、PIL.Image以下の「open」という関数を用います。基本的な書式は次の通りです。

書式

```
PIL.Image.open(画像ファイル名)
```

引数には、目的の画像ファイル名を文字列として指定します。画像ファイル名には拡張子も必ず含めます。また、画像ファイル名だけを記述すると、カレントディレクトリの直下にある画像ファイルと見なされます。もし、目的の画像ファイルがカレントディレクトリ直下にないのなら、その場所のパスを付ける必要があります。

サンプル2では、目的の画像ファイルである001.jpgは、カレントディレクトリ以下の「photo」フォルダーの中にあるのでした。そのため、ファイル名の前にパスとして「photo¥¥」を付ける必要があります。

さらには文字列として指定するので、「'」で囲んで「'photo¥¥001.jpg'」とします。この記述をPIL.Image.open関数の引数に指定すればよいことになります。

```
PIL.Image.open('photo¥¥001.jpg')
```

そして、先ほどのインポート文では「from PIL import Image」と書いたので、関数名の冒頭の「PIL.」は記述不要になります。

```
Image.open('photo¥¥001.jpg')
```

これで、画像ファイル001.jpgを開くコードがわかりました。さて、ここからがキモです。これから解説する内容は、次ページの図とあわせてお読みください。

まずおさえてほしいのは、PIL.Image.open関数は開いた画像ファイルのオブジェクトを戻り値として返すことです。これは同関数の機能として決められています（オブジェクトとは何か忘れてしまったら、Chapter08-10でポイントをおさらいしておきましょう）。その開いた画像ファイルのオブジェクトのことを、本書では「画像オブジェクト」と呼ぶとします（厳密には「Imageオブジェクト」と呼びますが、名称にこだわらなくても目的のコードは書けます）。

この画像オブジェクトを以降の処理に用いて、リサイズなどを行っていきます。このことはいわば、Pillowによる画像処理の“パターン”として、あらかじめ決められているので、それに必ず従います。

その際、画像オブジェクトは通常、変数に格納して使うのがセオリーです。画像オブジェクトはPIL.Image.open関数の戻り値として得られるので、コードとしては同関数の戻り値を変数に代入するかたちになります。サンプル2の場合、変数名を「img」とするなら、コードは以下になります。

```
img = Image.open('photo¥¥001.jpg')
```

このコードでは、PIL.Image.open関数で画像ファイル001.jpgを開き、その戻り値を変数imgに代入しています。これで、変数imgには001.jpgの画像オブジェクトが格納されます。

以降はこの変数imgを使って、リサイズなどの処理を行っていきます。処理はメソッドで行います。具体的なコードはこのあとすぐ解説します（メソッドとは何か忘れてしまったら、Chapter08-10でポイントをおさらいしておきましょう）。また、この処理のパターンやセオリーについては、次節末コラムもあわせて後ほどお読みください。

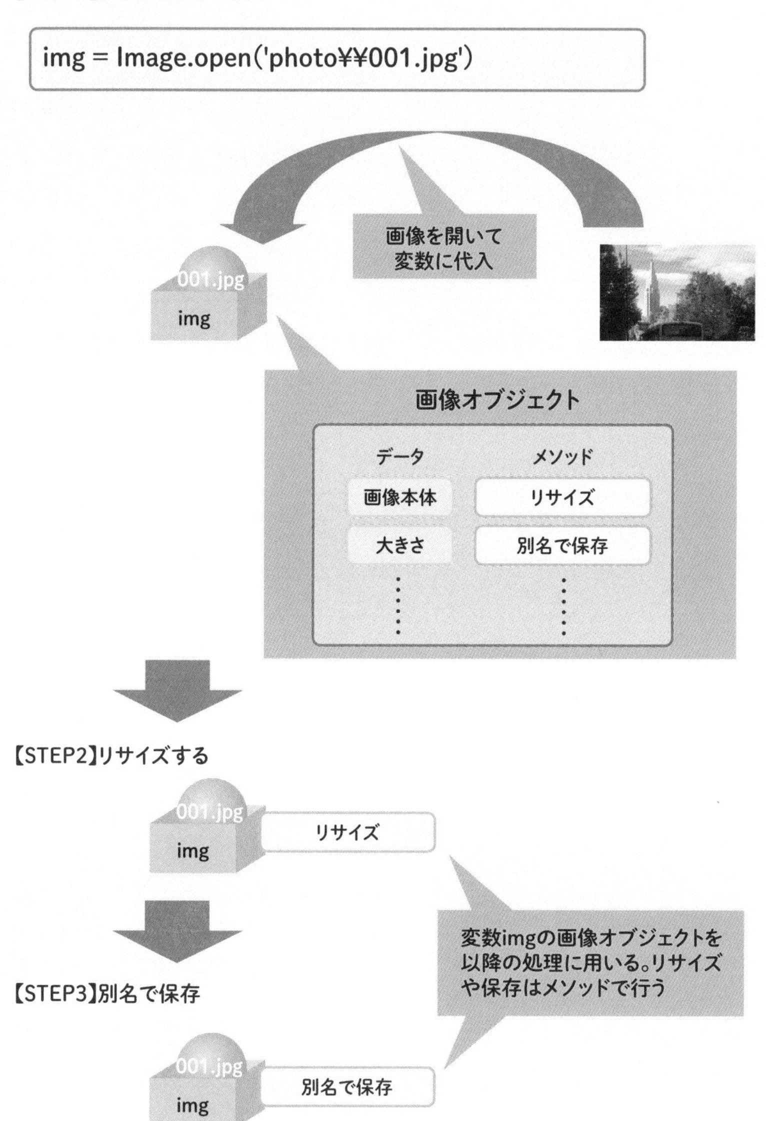
開いた001.jpgは画像オブジェクトとして処理
【STEP1】画像ファイルを開く
img = Image.open('photo¥¥001.jpg')
画像を開いて
変数に代入
001.jpg
img
画像オブジェクト
データ
メソッド
画像本体
リサイズ
大きさ
別名で保存
【STEP2】リサイズする
001.jpg
img
リサイズ
【STEP3】別名で保存
変数imgの画像オブジェクトを
以降の処理に用いる。リサイズ
や保存はメソッドで行う
001.jpg
img
別名で保存

上記で例として挙げたコード「img = Image.open('photo¥¥001.jpg')」がまさに【STEP1】のコードになります。PIL.Image.open関数で画像ファイル001.jpgを開き、その戻り値を変数imgに代入するコードです。

それでは、このコードをJupyter Notebookのセルに追加してください。今回は「from PIL import Image」との間に空の行を設けるとします。

追加前

```
from PIL import Image
```

追加後

```
from PIL import Image

img = Image.open('photo¥¥001.jpg')
```

追加できたら、まだ実行しないでください。この段階では実行しても、目に見える実行結果が得られないからです。そのまま次節へ進んでください。

Chapter 09

# 画像をリサイズする処理を作ろう

## リサイズはこのメソッドひとつでOK！

次は「【STEP2】リサイズする」のコードを記述します。Pillowでリサイズする方法はいくつかありますが、今回は画像オブジェクトの「thumbnail」というメソッドを使うとします。書式は次の通りです。

書式

```
画像オブジェクト.thumbnail((幅, 高さ))
```

引数「幅」には目的の幅の数値をピクセル単位で指定します。引数「高さ」には目的の高さを同様に指定します。

thumbnailメソッドは「画像オブジェクト」の画像に対して、引数に指定した幅または高さのいずれかを上限に、縦横比を保ったままリサイズします。言い換えると、画像が横長なら、引数に指定した幅に変更し、高さは縦横比に応じて変更します。縦長なら、引数に指定した高さに変更し、幅は縦横比に応じて変更します。

つまり、thumbnailメソッドによるリサイズは、サンプル2でのリサイズの方法そのままになります。こういった複雑なリサイズ処理がthumbnailメソッドひとつでできてしまうのです。

上記書式で引数を指定している部分に注目してほしいのですが、

カッコが入れ子になっています。「画像オブジェクト.thumbnail()」のカッコ内に、「(幅, 高さ)」が丸ごと1つの引数として指定されたかたちです。誤ってカッコを1つだけで記述しないよう気をつけてください。

**thumbnailメソッドの書式の構造**

画像オブジェクト.thumbnail(　引数　)

(幅, 高さ)

メソッドの引数に「(幅, 高さ)」が丸ごと指定されたかたちだよ

なお、後者の「(幅, 高さ)」は専門用語で「タプル」と呼ばれるデータ形式なのですが、今回解説は割愛します。本書続編『図解！Pythonのツボとコツがゼッタイにわかる本　プログラミング実践編』(仮)で改めて詳しく解説します。

前々節で提示したとおり、サンプル2では幅の上限は500ピクセル、高さの上限は400ピクセルにするのでした。したがって、thumbnailメソッドの引数「幅」には「500」、引数「高さ」には「400」を数値として指定すればよいことになります。

また、画像オブジェクトは前節の【STEP1】のコードによって、変数imgに格納されているのでした。以上を踏まえると、【STEP2】のコードは以下とわかります。

```
img.thumbnail((500, 400))
```

## リサイズするコードを追加しよう

thumbnailメソッドでリサイズするコードをどのように書けばよいかわかったところで、さっそくサンプル2のコードに追加しましょう。現在のコードの末尾に、以下のように追加してください。

追加前

```
from PIL import Image

img = Image.open('photo¥¥001.jpg')
```

追加後

```
from PIL import Image

img = Image.open('photo¥¥001.jpg')
img.thumbnail((500, 400))
```

これで変数imgに画像オブジェクトとして入っている001.jpgを幅500ピクセル、または高さ400ピクセルで縦横比を保ったままリサイズする処理までのコードが書けました。001.jpgは横長の画像なので、幅500ピクセルでリサイズされることになります。

ただし、前節と同じく、まだ実行しないでください。現時点でのコードはプログラムとしての処理は、001.jpgをコンピューターの内部でリサイズするだけで、目に見える実行結果が得られないからです。このあと次節で、別名で保存する処理を追加したら、ようやく目に見える実行結果が得られるようになるので、その時点で動作確認を行います。

## 決められたパターンやセオリーに従ってコードを書こう

前節で解説した「画像ファイルを開くと画像オブジェクトとして得られ、以降はその画像オブジェクトを使い、メソッドでリサイズや別名で保存などの処理を行う」という流れの処理は、Pillowによる画像処理で決められたパターンであると述べました。

Pythonではこのように決められたパターンに従ってコードを書くケースは他にもいくつかあります。このパターンは決まりごとになります。そのため、必ず従わないと目的の処理のコードが書けなくなってしまいます。どのようなケースでどのようなパターンを用いるのかは、処理の対象や内容（サンプル2なら画像ファイルのリサイズ）、および、用いるモジュールや関数（サンプル2ならPillowのopen関数など）によって決められています。

また、前節では、画像のオブジェクトは変数に入れて使うのがセオリーとも述べました。こちらはあくまでもセオリーであり、決まりごとではないので、必ず従わなくてもよいのですが、従った方がはるかに理解しやすいコードを効率的に書けます。

なお、実は今回のサンプル2の機能の場合、画像オブジェクトを変数に入れておかないと、このあと次節でコードを追加する別名で保存する処理が作れなくなるので、結果的には必ず変数に入れなければならなくなります。

目的の処理を実現するために、どのようなモジュールの関数を使うのか、どのようなパターンに必ず従わなければならないのか、どのようなセオリーがあるのかは、たくさんあるので暗記するのは実質不可能です。読者のみなさんが本書読了後に自分でプログラミングを行う際は、毎回調べながらコードを書けばよいでしょう。そのなかで、よく使うパターンやセオリーを「自然に暗記できたらなおよし！」ぐらいのスタンスで構いません。

# サンプル2を完成させよう

## 保存はsaveメソッドひとつでできる

続けて、最後の「【STEP3】別名で保存」のコードを書きましょう。Pillowでは画像の保存は、画像オブジェクトの「save」というメソッドで行います。書式は次の通りです。

書式

```
画像オブジェクト.save(ファイル名)
```

引数「ファイル名」には、保存したいファイル名を文字列として指定します（拡張子も含む）。その際、元のファイルと同じ場所に同じ名前を指定すれば上書き保存され、別の名前を指定すれば別名で保存されます。

サンプル2ではChapter09-01で提示した通り、「001_s.jpg」という別名で同じ場所（「photo」フォルダーの中）に保存するのでした。したがって引数「ファイル名」には、このファイル名「001_s.jpg」を文字列として指定すればよいことになります。「photo」フォルダーの中に保存したいので、そのパスも付けて、「'photo¥¥001_s.jpg'」と記述します。

画像オブジェクトは変数imgでした。以上を踏まえると、【STEP3】のコードは以下とわかります。

```
img.save('photo¥¥001_s.jpg')
```

## 保存するコードを追加して完成！

thumbnailメソッドでリサイズするコードをどのように書けばよいかわかったところで、さっそくサンプル2のコードに追加しましょう。現在のコードの末尾に、以下のように追加してください。

追加前

```
from PIL import Image


img = Image.open('photo¥¥001.jpg')
img.thumbnail((500, 400))
```

追加後

```
from PIL import Image


img = Image.open('photo¥¥001.jpg')
img.thumbnail((500, 400))
img.save('photo¥¥001_s.jpg')
```

これでサンプル2のすべて処理のコードが書けました。おさらいすると、以下になります。

**【STEP1】PEG形式の画像ファイル001.jpgを開く**

→PIL.Image.open関数

→戻り値の画像オブジェクトは変数imgに代入

**【STEP2】幅500ピクセル、または高さ400ピクセルで縦横比を保ったままリサイズ**

→画像オブジェクトのthumbnailメソッド

【STEP3】「001_s.jpg」という別名で保存する
→画像オブジェクトのsavelメソッド

## 横長と縦長の画像で動作確認

さっそく動作確認してみましょう。[Run]ボタンをクリックするなどして実行してください。すると、「photo」フォルダーの中に、リサイズされた画像ファイル001_s.jpgが新たに保存されたことがわかります。さらにマウスポインターを重ねると、画像の大きさが「500 × 302」とポップアップに表示されます。もちろん、「フォト」などで開いて大きさを確認しても構いません。

**リサイズ後の画像001_s.jpgの大きさを確認**

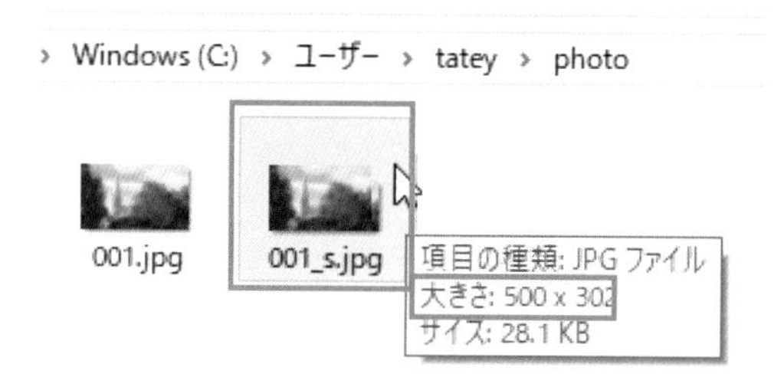


元の画像001.jpgは大きさが3275 × 2254ピクセルという横長の画像でした。プログラムを実行した後、新たに保存された001_s.jpgの大きさを確認すると、500 × 302ピクセルであることがわかります。意図通り、幅が指定した500ピクセルになるよう、縦横比を保ったままリサイズされ、その結果、高さが302ピクセルになったのです。ファイル容量も28.1KBに減り（ポップアップの「サイズ」に表示）、より扱いやすくなりました。

続けて、縦長の画像も試してみましょう。本書ダウンロードファイルの「サンプル2」フォルダーにある画像ファイル002.jpgを、カレントディレクトリ以下の「photo」フォルダーの中にコピーしてください。この画像は大きさが2304 × 4096ピクセルという縦長の画像です。

**002.jpgを「photo」フォルダーにコピー**

この002.jpgをリサイズするよう、コードを以下のように変更してください。「001」という2箇所を「002」に変えるだけです。実質的には、「00」の部分は変わらないので、「1」を「2」に書き換えるだけになります。

変更前

```
from PIL import Image


img = Image.open('photo¥¥001.jpg')
img.thumbnail((500, 400))
img.save('photo¥¥001_s.jpg')
```

変更後

```
from PIL import Image

img = Image.open('photo¥¥002.jpg')
img.thumbnail((500, 400))
img.save('photo¥¥002_s.jpg')
```

実行すると、002.jpgがリサイズされ、002_s.jpgとして新たに保存されます。大きさを確認すると、225×400ピクセルとわかります。意図通り、高さが指定した400ピクセルになるよう、縦横比を保ったままリサイズされ、その結果、幅が225ピクセルになったのです。

**リサイズ後の画像002_s.jpgの大きさを確認**

## これぞPythonの真骨頂

いかがでしたか？ 【STEP1】～【STEP3】のコードはそれぞれ1行だけであり、モジュールをインポートするコードをあわせても、合計たった4行のコードだけで、このようなリサイズから別名で保存まで行うプログラムを書けてしまいました。

なおかつ、【STEP1】～【STEP3】の各コードはいずれも、1行が長々としておらず、非常に短い記述で済んでいます。Chapter01で紹介したPythonの人気の理由——命令文をより簡単に書けること、ライブラリで複雑な機能もラクラク作れることを実感できたのではないでしょうか。

以上がPillowを用いた画像のリサイズの体験です。もし余裕があれば、thumbnailメソッドの引数に指定している幅や高さを別の値に変更したり、PIL.Image.open関数の引数に別の画像ファイルを指定したり、別名で保存するsaveメソッドの引数に指定するファイル名を変更したりするなど、いろいろ試してみるとより理解が深まるでしょう。

なお、2回目以降の動作確認を行う際、前回の実行時に保存された001_s.jpgや002_s.jpgが削除せずに残っていても、そのまま上書きしてくれるのでエラーにはなりません。

また、サンプル2のコードは「機能をそのままにコードを整理」(サンプル1でも作成途中にChapter07で体験しました)という観点で見直すと、まだまだ改善の余地があります。たとえば、画像ファイル名の文字列、幅や高さの数値は関数やメソッドの引数に直接記述して指定していますが、これらを変数に切り出して指定するよう変更すべきでしょう。他にもコメントを入れたり、ファイル名とフォルダー名を分割したりするなど、整理すべき点がいくつかありますが、今回は割愛します。

Pillowは他にも、トリミングや回転、ぼかしなど多彩な画像処理がメソッドひとつでできます。さらにはPythonには、画像処理以外にも幅広いライブラリが揃っています。興味があれば、自分で調べていろいろ試してみるとよいでしょう。

## ちょっとしたAIのプログラムもカンタン！

Pythonと言えばAIを連想する人も多いかと思います。AIと一言でいってもいろいろありますが、身近な用途のひとつが顔認識でしょう。Pythonならちょっとした顔認識のプログラムも、ライブラリを使って手軽に作れてしまいます。

画像から検出した顔に赤色の枠線を引くプログラムを紹介します。元の写真の画像ファイルを指定し、プログラムを実行すると以下の画面のように、画像ファイルに移っている顔をすべて検出し、顔に赤色の枠線を引きます。

**注意！**

どのくらい手軽かということを見て頂くためにコードを次ページに記載しましたが、このコードをそのまま入力し実行しても、エラーで動きません。お手元のJupyter Notebookに入力して試さないでください。動かすには、必要なライブラリのインストールなどの準備が必要になります。詳細は本書続編『図解！Pythonのツボとコツがゼッタイにわかる本　プログラミング実践編』(仮)で改めて解説します。

**実行前：元の写真を「フォト」で開いた画面**

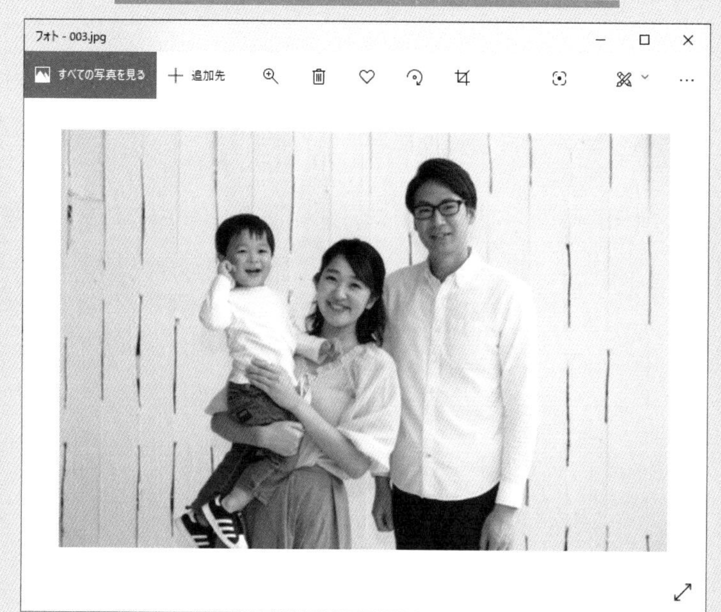

## 実行後：プログラム実行後の写真を「フォト」で開いた画面

以下は、上記プログラムのコードです。元の画像はカレントディレクトリ直下の「photo」フォルダーの中の「003.jpg」であり、顔に枠線を引いた画像は同じ場所に、「003_face.jpg」として別名で保存しています。各行のコード❶～❽の概要もあわせて紹介します。

```
import cv2  ❶

cascade = cv2.CascadeClassifier('haarcascade_frontalface_default.xml')  ❷
img = cv2.imread('photo¥¥003.jpg')  ❸
gray = cv2.cvtColor(img, cv2.COLOR_BGR2GRAY)  ❹
faces = cascade.detectMultiScale(gray, scaleFactor=1.5)  ❺
for (x, y, w, h) in faces:  ❻
    cv2.rectangle(img, (x, y), (x + w, y + h), (0, 0, 255))  ❼
cv2.imwrite('photo¥¥003_face.jpg', img)  ❽
```

❶顔認識用のモジュールをインポート
❷顔認識処理の準備
❸画像ファイル003.jpgを開く
❹開いた003.jpgをグレースケールに変換
❺顔認識を実行
❻検出した顔の数だけ以下を繰り返す
❼顔の周囲に赤色の枠線を引く
❽別名003_face.jpgで画像を保存

コードの中身の詳細はここでは解説しませんが、ここで注目したいただきたいのは、顔認識というAIのプログラムがたった8行のコードでできてしまうことです（空の行を除く）。しかも、モジュールのインポートや画像を開く、赤い枠線を引く、別名で保存するといった処理のコードも込みです。顔認識自体の処理はほんの2行程度にすぎません。たったそれだけで顔認識ができるのです。これもPythonおよび充実したライブラリの魅力のひとつでしょう。

なお、このコードの詳しい解説は、本書続編『図解！Pythonのツボとコツがゼッタイにわかる本　プログラミング実践編』（仮）で行います。読者のみなさんには、お手元のパソコンで実際にコードを入力していただき、顔認識のプログラムを体験していただきます。

# Pythonやプログラミングの真骨頂はこの後のステップ

Chapter 10

# 同じ処理を繰り返し実行できる

## 同じ処理のコードは1回だけ書けばOK

サンプル1を複数のファイルに対応させるコードはChapter08-21で少し考えましたが、「繰り返し」という仕組みを利用すれば、もっと効率のよいコードの書き方ができます。同じ処理を何度も繰り返して実行できる仕組みです。「ループ」や「反復」とも呼ばれます。

繰り返しを利用すると、「この処理を5回繰り返せ」などといったかたちで記述できるようになります。イメージは図の通りです。目的の処理のコードをいくつも並べて書く必要がなく、1つだけで済むので、記述の手間が大幅に減るのはもちろん、あとから機能を追加変更する際もラクになります。しかも、繰り返す度に命令文の一部を変えて実行できるので、幅広いケースに対応できます。

サンプル1でバックアップ対象ファイルがもし5つに増えたら、コピーする処理はshutil.copy関数のコードを5つ並べる必要はなく、1つだけ書いて「5回繰り返せ」と指定するだけで済みます。そのコードでは、ファイル名の部分を変えて実行できるので、さまざまな場所や名前のファイルをコピーできます。

繰り返しのコードの書き方など、詳しい解説は本書続編『図解！ Pythonのツボとコツがゼッタイにわかる本　プログラミング実践編』(仮)で行います。

## 何度も実行するコードが効率的に書ける

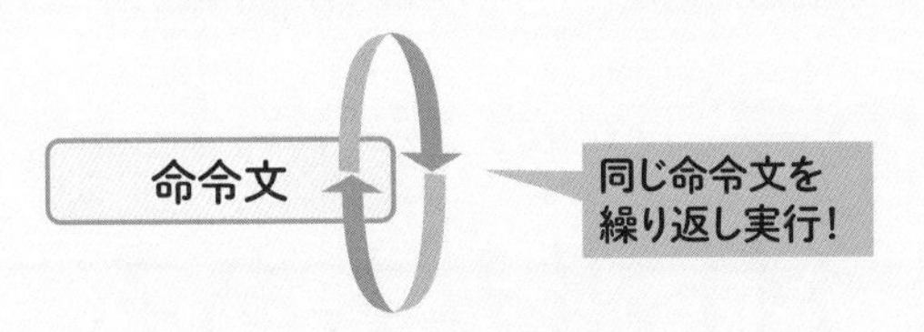


同じ命令文を5回実行したいなら・・・

### ◉繰り返しを使わない場合

ファイル1をコピー

ファイル2をコピー

ファイル3をコピー

ファイル4をコピー

ファイル5をコピー

同じような命令文を5つ
書かないといけないのか。
メンドウだなぁ

### ◉繰り返しを使った場合

命令文は1つだけ
書けばいいから
ラクだ!

5 回繰り返す

ファイル○をコピー

繰り返しの度に、「○」
の部分を1とか2とか
に変えられるよ

繰り返しのコードのイメージ

Chapter 10

# 複数のデータをまとめて扱う仕組みもある

## 繰り返しと組み合わせるともっとベンリ

前節では、サンプル1でバックアップ対象ファイルがもし5つに増えた場合、繰り返しを使えば、shutil.copy関数でコピーするコードは1つだけで済むと紹介しました。一方、ファイル名のコードはどうなるでしょうか？

基本的には、5つのファイル名を記述する必要はあるのですが、それらをまとめて効率よく扱える仕組みがPythonに用意されています。イメージは“集合”です。もっと近いイメージは“変数が集まったもの”です。変数は“箱”のイメージでした。その“箱”が複数連なったイメージになります。

“集合”を使えば、サンプル1を5つのファイルに対応させる際、shutil.copy関数の第1引数に指定する際も、ファイル名を1つずつ記述する必要は一切なく、「集合の○番目」といったイメージで扱えます。そして、繰り返しと組み合わせると、集合の先頭から順にファイル名を指定できるなど、より効率的なコードを書くことができます。具体的な仕組みやコードの書き方は本書続編で改めて解説します。

## 「変数の集合」のイメージ

### ◉変数の集合で複数の値を効率よく扱う

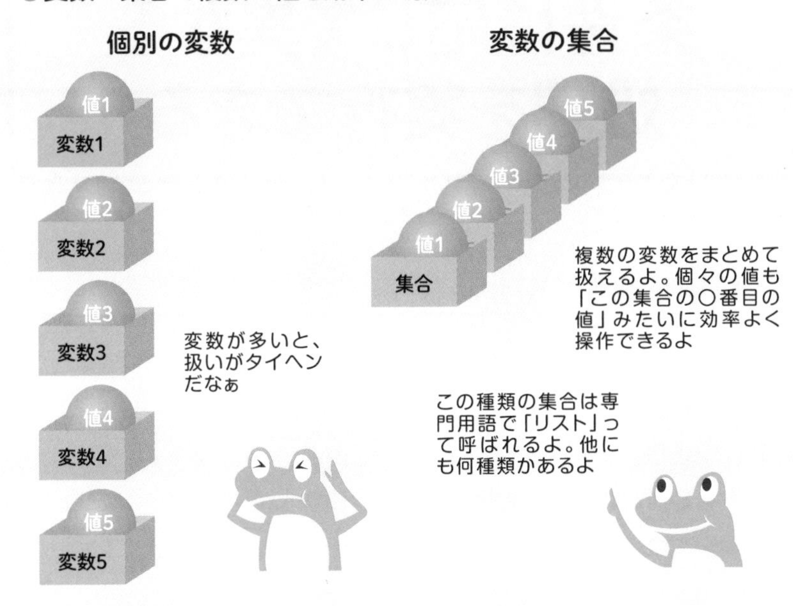


### ◉リストは「クラス名簿」のようなもの

**3年A組　名簿**

| 出席番号 | 氏名 |
|---|---|
| 1 | 岡本浩二 |
| 2 | 桜井　仁 |
| 3 | 清水知子 |
| 4 | 立山秀利 |
| 5 | 山中裕紀子 |
| | ： |
| | ： |

「3年A組」という集合でまとめて扱えるね

個々の生徒名は「3年A組の出席番号4」みたいに扱えるよね。Pythonのリストも同じだよ

Chapter 10

# 条件に応じて異なる処理を実行できる

## 処理が途中で分かれる

繰り返しと並びベンリな仕組みが「分岐」です。図のとおり、処理が途中で分かれる仕組みです。指定した条件が成立するときだけ、指定した処理を実行できます。コードのイメージは「もし○○なら△△をする」です。たとえば、「もし、指定したキーワードがファイル名に含まれるならコピーする」などの機能が作れるようになります。

分岐にはタイプが複数あります。1つ目のタイプは上記の「もし○○なら△△をする」であり、基本のタイプになります。2つ目のタイプは発展形であり、条件が成立する/しないで、異なる処理を実行するタイプもあります。イメージは「もし○○なら△△をする、そうでなければ□□をする」です。

両者の違いは、1つ目のタイプは条件が成立する場合のみ処理を実行し、成立しない場合は何もしませんが、2つ目のタイプは成立しない場合に別の処理を実行できます。他にも、複数の条件で分岐するタイプなどがあります。

具体的な仕組みやコードの書き方は本書続編で改めて解説します。

## 分岐の２つのタイプ

### ◉条件が成立するときだけ実行する分岐

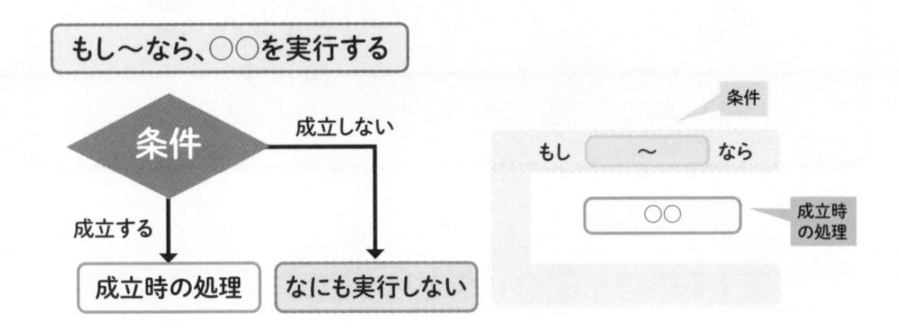


### ◉条件が成立する/しないで、異なる処理を実行する分岐

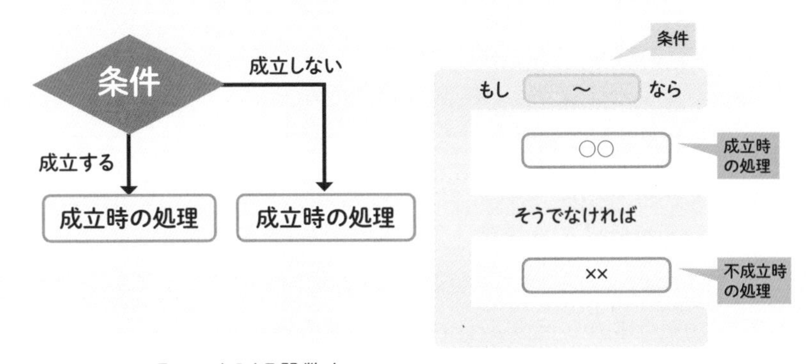

ExcelのIF関数を使ったことあるなら、同じイメージだよ

Chapter 10

# オリジナルの関数を定義して使える

## 共通する処理を関数にまとめて使いまわす

本書ではこれまでに、printなどの組み込み関数、os.makedirsなどライブラリの関数を使ってきました。これらはPythonに最初から用意されている関数ですが、さらにはプログラマーがオリジナルの関数を定義して使える仕組みも用意されています。関数名と中身の処理、引数、戻り値それぞれを自由に定義できます。引数は省略可能にして、省略した際に用いられる値も設定できます。

このようなオリジナルの関数は専門用語で「ユーザー定義関数」などと呼ばれます。本書では、ユーザー定義関数と呼ぶとします。

ユーザー定義関数を活用すれば、1つのプログラムの中で何度も同じコードが登場する場合、それらのコードを関数として切り出します。そして、元のコードがあった場所には定義した関数を呼び出して実行するようします。これで、共通の処理がまとめられるので、コードが見やすくわかりやすくなり、なおかつ、追加・変更もラクになります。

しかも、別のプログラムでも使えるようにすることも可能です。便利なプログラムの“部品”を関数として一度作っておけば、以降はそれらを使いまわせるのです。

また、共通する処理をまとめるためでなく、コードを整理するためだけに関数を使うケースもよくあります。

## 関数でコードをカイゼン！

### 元のコード

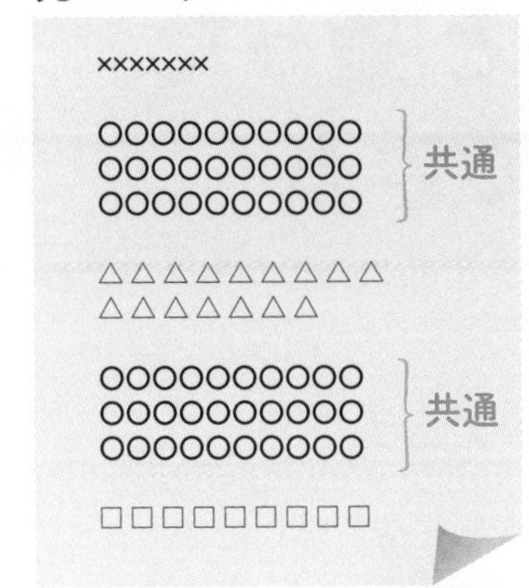


共通したコードが2箇所にあるよ。コードはゴチャゴチャしているし、機能の追加・変更もメンドウそう

### 関数化後のコード

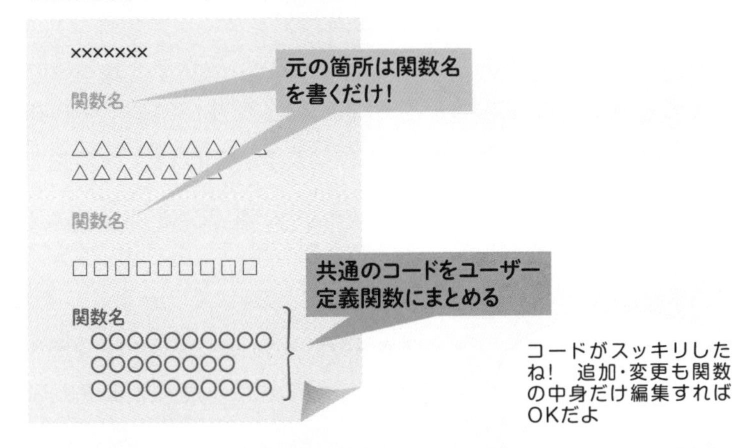


コードがスッキリしたね！　追加・変更も関数の中身だけ編集すればOKだよ

共通した処理のちょっとした違いは、引数で対応できるよ

Chapter 10

# 変数はもっと凝った処理ができる

## 処理の流れの中で値を変えて使う

本書で学習に用いたサンプルでは変数を使いましたが、すべての変数が一度値を代入したら、最後までその値は変わらないという使い方でした。固定の値なのか、サンプル1のバックアップ用フォルダー名のように、当日の日付でその都度変わる値なのかの違いはあれど、いずれも値は最後まで変わりませんでした。

変数はこれだけでももちろん、コードをわかりやすく整理できるなどメリットがあるのですが、もっとベンリな使い方として、処理の途中で値を変えるという使い方があります。処理の流れの中で値を変化させることで、高度で複雑な処理が可能となるのです。

たとえばゲームの得点です。ブロック崩しなら、得点用の変数を1つ用意しておき、崩したブロックに応じて加算していきます。また、ショッピングサイトの購入の合計額なら、合計額の変数を1つ用意しておき、商品をカートに追加する度にその商品の金額を加算していきます。

変数は初心者にとって少々難しく、実際に使ってみないとなかなかピンとこない仕組みなのですが、使えるようになれば、作ることができる機能の幅がグッと広がります。

変数はこんなことまでできちゃう

◉活用イメージ例：　ショッピングサイトのカートの合計額

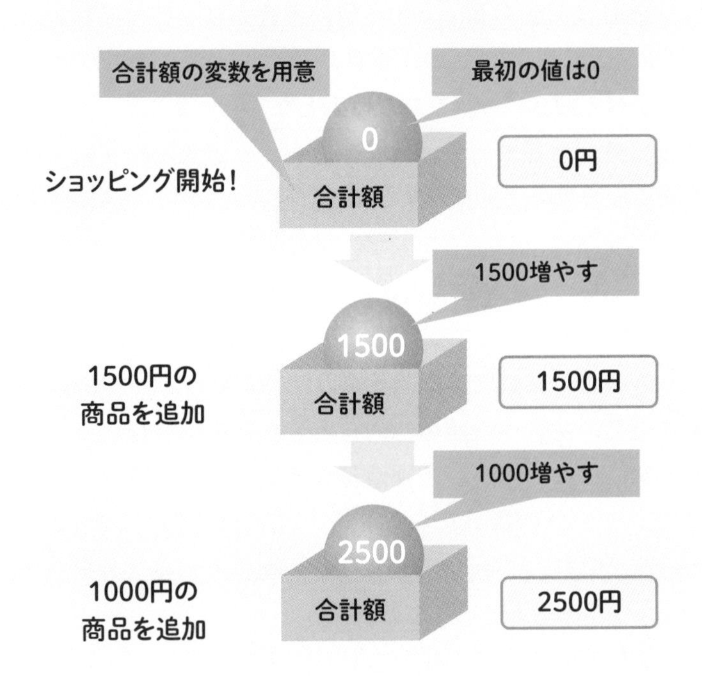

Chapter 10

# 処理の流れは「上から下」だけではない

## 「戻る」、「分かれる」、「飛ぶ」もある

Pythonに限らずプログラミング言語全般に共通する大原則は、Chapter03-01で学んだ「命令文を上から並べて書く」でした。上からコードを並べて書くと、上から順に実行されるのでした。このような処理の流れは専門用語で「順次」と呼ばれます。本書で用いたサンプルはすべて順次のみのプログラムとなっています。

本章で紹介した繰り返し、分岐、ユーザー定義関数を処理の流れという観点から改めて見てみましょう。図のとおり、繰り返しは「戻る」、分岐は「分かれる」、ユーザー定義関数は「飛ぶ」と言えます。処理の流れはこのように、「上から下」だけでなく、他にもいくつか種類があるのです。

おのおのの命令文の内容は組み込み関数/ライブラリ関数の実行、文字列の連結、変数への値の代入などを本書では学びました。他にも数値計算をはじめとする各種演算などができる仕組みも用意されています。データの扱いについても、変数は前節で学んだような凝った処理ができ、Chapter10-03で学んだように複数のデータをまとめて扱う仕組みもあるのでした。

これらの仕組みをうまく組み合わせ、多彩なライブラリも利用すると、よりフクザツで高度な処理のプログラムを作成できます。

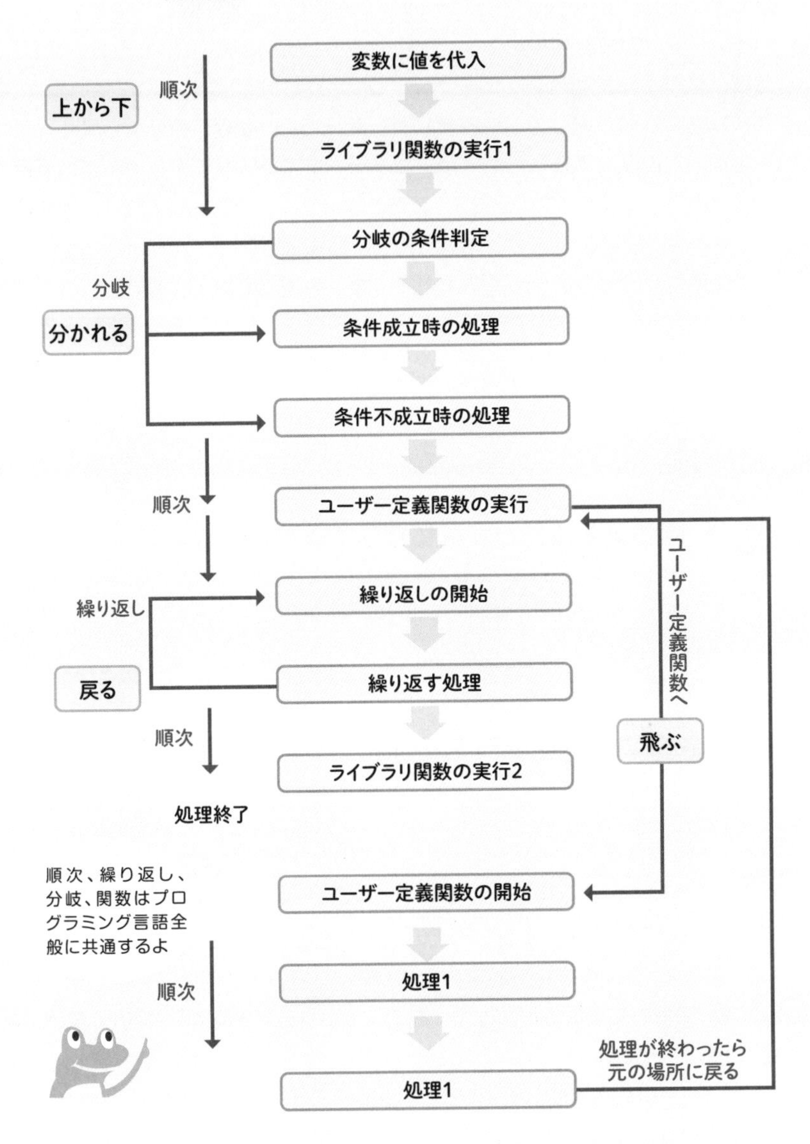
4種類ある処理の流れ
処理開始
上から下
順次
変数に値を代入
ライブラリ関数の実行1
分岐の条件判定
分岐
分かれる
条件成立時の処理
条件不成立時の処理
順次
ユーザー定義関数の実行
ユーザー定義関数へ
飛ぶ
繰り返し
繰り返しの開始
戻る
繰り返す処理
順次
ライブラリ関数の実行2
処理終了
順次、繰り返し、分岐、関数はプログラミング言語全般に共通するよ
ユーザー定義関数の開始
順次
処理1
処理が終わったら元の場所に戻る
処理1

## Pythonといえば「インデント」って聞いたけど？

Pythonの特徴としてよく言われるのが「インデント」です。いわゆる字下げです。

インデントの役割をちょっとだけ紹介するなら、本章で紹介した繰り返し、分岐、ユーザー定義関数のコードで“中の処理”を記述するのに使います。“中の処理”とは、繰り返しなら繰り返し実行したい処理、分岐なら条件が成立／不成立の際に実行したい処理、ユーザー定義関数なら関数の中身の処理になります。これら“中の処理”のコードは必ずインデントしてから記述する決まりとなっています。

インデントはこういった文法上重要な意味を持っており、他の言語のように自由に入れてよいものではありません。不要に入れるとエラーになってしまうので注意してください。

## 同名フォルダーが既に存在する場合への対処

サンプル1では、フォルダーを作成するos.makedirs関数はChapter06-08で解説したとおり、同名の子フォルダーが既に存在しているとエラーになります。しかし、以下のように引数を「exist_ok=True」と追加すると、既に存在するなら作成しないようにできます。

```
os.makedirs('保管¥¥backup20200125', exist_ok=True)
```

たとえば、複数のフォルダーを作成する処理にて、既に存在するかいちいちチェックするコードを書かなくても、この引数ひとつでエラーを避けられます。省略可能な引数であり、サンプル1のコードでは省略していますが、os.makedirs関数はこのような機能の引数も備えていたのです。

「exist_ok=True」という記述は「引数名＝値」という形式で引数を設定しています。これまで関数の引数は単に指定したい値だけを記述するだけでした。実は関数の引数にはそれぞれ名前が付けられており、「=」(半角のイコール)を付けて、「引数名＝値」の形式でも指定することもできます。ザックリした意味としては、引数名「exist_ok」は同名フォルダーの存在を許すかどうかを指定する引数になります。「True」は「はい」といった意味と捉えればOKです。

この引数名を記述する形式を用いる目的は、これまたややこしい話ですが、関数は引数が複数ある場合、第1引数は何で、第2引数は何で……と記述する順番が関数ごとに決められています。引数名を記述せず、値だけを記述する形式だと、この順番を必ず守る必要があります。第1引数から順に左から並べて指定していきます。

そして、この形式の場合、省略可能な引数が複数ある関数だと、使いたい引数の前の順番に使わない引数（省略する引数）があるなら、その使わない引数もあわせて指定をしないとエラーになってしまいます。

たとえば、os.makedirs関数は実は引数exist_okの前に、省略可能な引数modeがあります。そのため、値だけを記述する形式の場合、引数modeに何も指定せず、第1引数のフォルダー名のあとに引数exist_okのつもりで「True」だけを記述するとエラーになります。この場合、引数modeにTrueが指定されたと見なされます。引数modeはTrueを指定してはいけない引数なので、エラーとなってしまうのです。

そのようなエラーを避けるには、引数名を記述する形式で「exist_ok=True」と記述します。他の省略可能な引数を使わない場合、それらの引数をわざわざ指定しなくても、目的の引数だけをピンポイントで指定できます。名前付き引数を利用するのはこのためなのです。

### 前の引数を省略するなら、引数名ありで指定

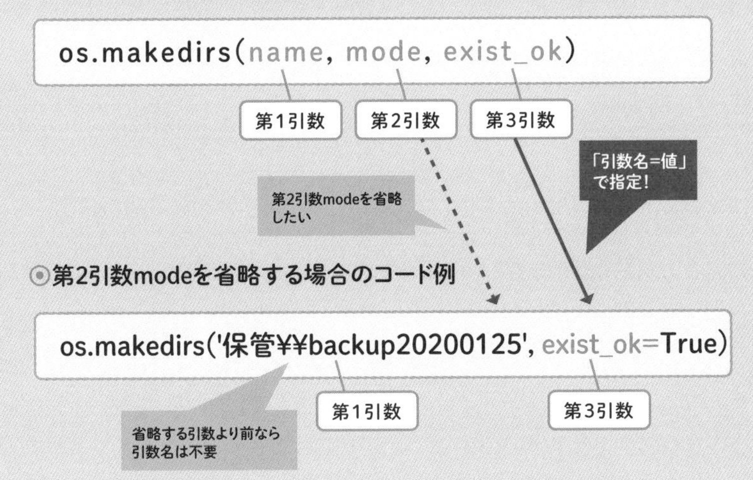

そして、上記コードでは、os.makedirs関数の第1引数は引数名なしの形式で、値のみを「'保管¥¥backup20200125'」と指定しています。このように引数名なしとありの形式を混在して使うことが可能です。ただし、必ず引数名なしの形式を先に記述しなければなりません。そうしないと、決められた順番通りに指定できないからです。たとえば、第1引数と第2引数までを引数名なしで指定し、そのあとに引数名ありの形式を指定します。引数名ありの形式が複数ある場合、順番は入れ替えても構いません。

なお、本コラムで取り上げた名前ありの引数は、専門用語で「キーワード引数」と呼ばれます。値のみ指定する引数は専門用語で「位置引数」と呼ばれます。

また、関数の引数名は公式マニュアルのWebサイトでも確認できます。さらにJupyter Notebook上でも、関数名のところでカーソルが点滅した状態で、Shift +Tab キーを押すと、その関数の書式が吹き出し風のポップアップで表示されるので、そこでも確認できます。

**関数の書式がポップアップで表示される**

```
16  # バックアップ用フォルダー作成
17  os.makedirs(bak_path)

Signature: os.makedirs(name, mode=511, exist_ok=False)
Docstring:
makedirs(name [, mode=0o777][, exist_ok=False])
```

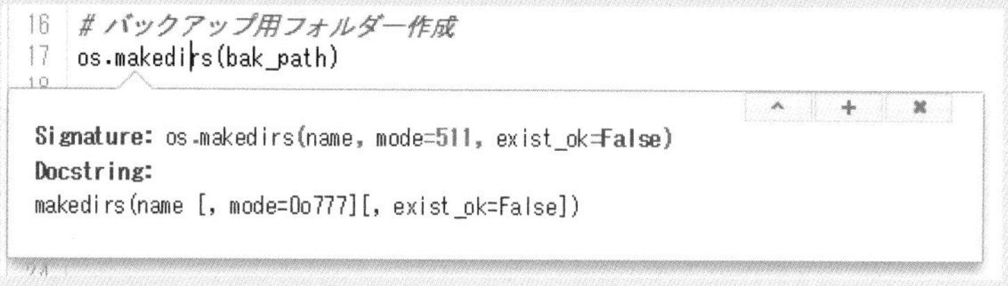

# おわりに

いかがでしたか？　サンプル1でバックアップを自動化するプログラムの作成を通じて、Pythonの基礎の基礎（プログラミングの“幹”）は身に付けられたでしょうか？　何度も繰り返しますが、文法・ルールは無理に暗記する必要はなく、本やWebを見ながらで全く問題ありません。「段階的に作り上げていく」に代表されるノウハウを優先して身に付けましょう。

「はじめに」でも申し上げましたが、本書は学習範囲を思い切って絞っています。分岐をはじめとする巻末コラムで紹介した仕組みなどの“枝”は、本書続編の『図解！　Pythonのツボとコツがゼッタイにわかる本　プログラミング実践編』（仮）（発売予定）などで学んでください。それ以上の知識は他の本やWebで“葉”を広げてください。

読者のみなさんのPythonの習得、そしてプログラミングの楽しさを味わうことに、本書が少しでもお役に立てれば幸いです。

立山秀利

# 索引

## 記号



## A



## C



## D



## F



## I



## J



## L



## M



## O



## P

## さ行



## た行



## な行



## は行



## ま行



## や行



## ら行

著者略歴

# 立山　秀利（たてやま　ひでとし）

フリーライター。1970年生まれ。
筑波大学卒業後、株式会社デンソーでカーナビゲーションのソフトウェア開発に携わる。
退社後、Webプロデュース業を経て、フリーライターとして独立。現在は『日経ソフトウエア』でPythonの記事等を執筆中。『Excel VBAのプログラミングのツボとコツがゼッタイにわかる本』『VLOOKUP関数のツボとコツがゼッタイにわかる本』『図解！　Excel VBAのツボとコツがゼッタイにわかる本　“超”入門編』（秀和システム）、『入門者のExcel VBA』『実例で学ぶExcel VBA』『入門者のPython』（いずれも講談社）など著書多数。

Excel VBAセミナーも開催している。
セミナー情報　http://tatehide.com/seminar.html

## ・Excel関連書籍

『Excel VBAでAccessを操作するツボとコツがゼッタイにわかる本』
『Excel VBAのプログラミングのツボとコツがゼッタイにわかる本』
『続Excel VBAのプログラミングのツボとコツがゼッタイにわかる本』
『続々Excel VBAのプログラミングのツボとコツがゼッタイにわかる本』
『Excel関数の使い方のツボとコツがゼッタイにわかる本』
『デバッグ力でスキルアップ！ Excel VBAのプログラミングのツボとコツがゼッタイにわかる本』
『VLOOKUP関数のツボとコツがゼッタイにわかる本』
『図解！ Excel VBAのツボとコツがゼッタイにわかる本　“超”入門編』
『図解！ Excel VBAのツボとコツがゼッタイにわかる本　プログラミング実践編』

## ・Access関連書籍

『Accessのデータベースのツボとコツがゼッタイにわかる本 2013/2010対応』
『Accessマクロ&VBAのプログラミングのツボとコツがゼッタイにわかる本』

カバーイラスト　mammoth.


**図解！**
**Pythonのツボとコツが**
**ゼッタイにわかる本　“超”入門編**

| | | |
|---|---|---|
| 発行日 | 2020年　3月　2日 | 第1版第1刷 |
| | 2021年　6月 10日 | 第1版第2刷 |

著　者　立山　秀利

発行者　斉藤　和邦
発行所　株式会社　秀和システム
〒135-0016
東京都江東区東陽2-4-2　新宮ビル2F
Tel 03-6264-3105（販売）　Fax 03-6264-3094
印刷所　三松堂印刷株式会社



ISBN978-4-7980-5971-6 C3055